中等职业教育土木建筑大类专业"互联网十"数字化创新教材

中等职业教育"十四五"系列教材

广西民族建筑

庞　玲　主　编

岳现瑞　副主编

崔永娟　主　审

中国建筑工业出版社

图书在版编目（CIP）数据

广西民族建筑/庞玲主编；岳现瑞副主编；崔永
娟主审. —北京：中国建筑工业出版社，2022.12
中等职业教育土木建筑大类专业"互联网＋"数字化
创新教材　中等职业教育"十四五"系列教材
ISBN 978-7-112-27984-5

Ⅰ. ①广… Ⅱ. ①庞… ②岳… ③崔… Ⅲ. ①民族建
筑-广西-中等专业学校-教材 Ⅳ. ①TU29

中国版本图书馆 CIP 数据核字（2022）第 176714 号

本书是新形态数字化教材，重点介绍广西民族建筑生成背景、建筑形式、建筑特色，最具代表性的建筑，以及广西民族建筑的传统民居和公共建筑、广西建筑的传承与发展。本书内容简明扼要，图文并茂，通俗易懂，每个模块后附有思考题，可供读者巩固和练习。

本书可作为职业教育工程造价、城镇建设、建筑表现、房地产等相关专业教材，可供从事相关专业的学者和工程技术人员参考，同时也可作为一本介绍广西民族建筑的普及性读物。

为了更好地支持相应课程的教学，我们向采用本书作为教材的教师提供课件，有需要者可与出版社联系。建工书院：http://edu.cabplink.com，邮箱：jckj@cabp.com.cn，2917266507@qq.com，电话：（010）58337285。

责任编辑：聂　伟
责任校对：张惠雯

本书数字资源

中等职业教育土木建筑大类专业"互联网＋"数字化创新教材
中等职业教育"十四五"系列教材
广西民族建筑
庞　玲　主　编
岳现瑞　副主编
崔永娟　主　审
*
中国建筑工业出版社出版、发行（北京海淀三里河路 9 号）
各地新华书店、建筑书店经销
霸州市顺浩图文科技发展有限公司制版
建工社（河北）印刷有限公司印刷
*
开本：787 毫米×1092 毫米　1/16　印张：9¾　字数：242 千字
2023 年 5 月第一版　　2023 年 5 月第一次印刷
定价：**32.00** 元（附数字资源及赠教师课件）
ISBN 978-7-112-27984-5
（40096）

前　言

　　学习广西民族建筑，了解建筑的基本知识、广西地方建筑的发展历程、各历史阶段的建筑特点，掌握广西民族建筑的聚落成因、空间特色和建筑材料。通过地方建筑教育，可以了解历史传统，提高观察能力，开阔视野，拓展思维，提高建筑素养，人文素质；适应国家乡村振兴，新农村建设，城镇基础设施风貌建设。

　　价值引领是本书思政的核心，在本书开头结合内容阐述思政目标、思政切入点，并且重点挖掘广西民族思政教育元素，设置思政拓展内容，反映广西民族特色，开展民族教育。

　　本书结合职业教育的特点，注重可读性和实用性，搜集整理大量图片、实例，并制作了微课视频，激发学习兴趣。微课素材通过"二维码"的形式添加在书中相关知识点一侧，读者可使用微信的"扫一扫"功能进行查看及学习。

　　本书由庞玲主编，并负责全书的统稿工作，岳现瑞任副主编。崔永娟为本书主审。本书的编写分工如下：庞玲编写第1、2、5讲、第6讲的第6.1节；岳现瑞、谭丽丽编写第3讲；岳现瑞编写第4讲、第6讲的第6.2、6.3节。广西广宏工程咨询有限公司的蒋燕参加了第4讲的编写。广州鸿浩工程咨询有限公司的邝福妹参加了第5讲的编写。庞玲负责本书的课程思政设计。蒋艺重点挖掘广西民族思政教育元素，负责思政拓展内容。

　　限于编写时间和编写水平，书中难免存在不足和不当之处，恳请读者不吝批评指正，诚挚希望本书能为读者学习广西民族建筑带来更多的帮助。

目　录

广西民族建筑是中国传统建筑文化和技艺的重要宝库之一，是乡土智慧的建筑表现，乡土智慧产生的基本条件是在地性，它是当地居民在长期的历史进程中，根据世代积累的生活经验形成和发展起来，通过建筑工匠之手实现的建筑形式，是当地自然和人文的综合反映。

尽管广西的民族建筑并不像北京、西安等通邑大都那样规模宏大、引人注目，且已经在中国传统建筑领域自成体系，构成中国传统建筑史中的独立篇章，但是，广西汉族、壮族、侗族、瑶族、苗族等12个世居民族和睦相处，造就了特色鲜明的传统村落和民族建筑，并且建筑类型多元，既有祠堂、庙宇、土司建筑群，以及部分书院和会馆建筑，还有保存较为完好的近代西洋建筑群和骑楼城，以及散落在各地的乡土建筑。它们是广西民族传统文化的重要载体和各民族的精神家园。

学习广西民族建筑，可以帮助我们了解广西民族建筑的类型，以及地理、社会政治、经济对广西民族建筑的影响，了解广西传统建筑的优秀品质，并且关注传统民族建筑的传承与发展，了解建设广西乡村新风貌、建设精品示范性村庄的背景、思路和方法，从而适应国家乡村振兴、新农村建设的发展要求。

【思政要点】

一、思政目标

1. 增强民族自豪感，培养工匠精神，传承民族技艺；
2. 树立民族团结意识，弘扬民族传统文化；
3. 尊重自然、尊重生态；
4. 熟悉社会主义制度的优越性。

二、思政切入点

序号	思政切入点	引例
1	侗族瑰宝、能工巧匠、精湛手艺、传承和保护民族技艺	侗族木构建筑营造技艺、广西三江侗族传统建筑技艺，都是国家级非物质文化遗产。侗族人是天生的艺术家，民间工匠的建筑才能十分高超。他们建造楼、桥和民居时不用一张图纸，整个结构烂熟于心，仅凭简单的竹签为标尺，靠独特的"墨师文"为设计标注，使用普通的木匠工具和木料就能制造出样式各异、造型美观的楼、桥，设计之精巧，造型之美观，均令人叹为观止
2	民族团结友爱、互助合作、聪明智慧、富于创造和积极进取	广西民居在民族融合与文化交流中呈现出多元的样式，在建筑上，具有不同的民族特色，这些民族虽然语言各异，风俗有别，但在长期的历史发展过程中，相互接触交往，相互学习吸收，相互影响与交融，建筑文化除具有不同特色外，也具有诸多的相同特征
		鼓楼是侗族村寨独具特色的标志性建筑，鼓楼是侗族精美建筑艺术的杰作，适应侗族的民族生活习俗，也反映了能歌善舞、以"侗族大歌"著称的民族文化传统
		侗族风雨桥仅广西三江侗族自治县境内就有108座。其数量之多，风格之独特，堪称我国少数民族地区桥梁之最
		侗族历来有在村寨附近的通道旁修建凉亭之俗，以方便行人遮阴歇凉或避雨。侗族将修建凉亭视为热心公益、尊老敬贤、积德行善之举，并象征着村寨的团结或家庭的和睦
3	尊重自然、倡导生态文明新风尚	广西少数民族的先民自古以来就顺应着当地自然法则巧妙地进行建筑营造，既保证了生态的平衡，也壮大了民族发展的建筑规模
		乡村风貌提升，乡村自然生态环境的重要性

序号	思政切入点	引例
4	立足专业,了解政策、国情、民情,制度认同	通过国家、广西壮族自治区有关"乡村振兴与共同富裕"政策,深入了解社会主义制度的优越性

三、设〖思政拓展〗栏目,反映广西民族特色,开展民族教育。

在每一讲最后设〖思政拓展〗栏目,附有二维码资源,使用微信的"扫一扫"功能进行查看及学习。具体内容如下表:

序号	内容
1	广西竹楼:高风亮节——竹子
2	广西风雨桥:风雨炼匠心,榫卯扣传承
3	壮族三月三:广西文化丝路行
4	壮锦:幸福都是奋斗出来的——劳动人民的勤奋和智慧
5	壮族民歌:广西民族文化
6	民族经济:让绿色发展"壮"起来,生态环境"美"起来

Chapter 01

第1讲

广西民族建筑的生成背景

学习目标

知识目标:

1. 了解地理环境、水文条件对广西建筑文化建筑形制的影响;
2. 了解族群、土著和移民对广西干阑建筑、村落聚居地的影响;
3. 了解社会经济的发展对广西建筑的影响;
4. 了解广西多元交叠的建筑文化背景对建筑的影响。

能力目标:

能分析影响广西民族建筑的因素。

思维导图

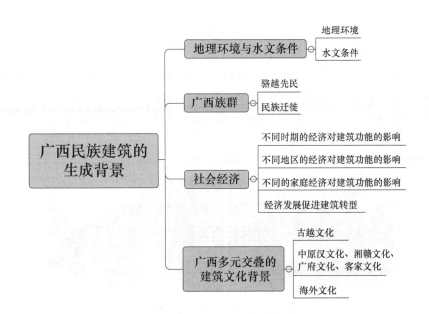

图 1.1 为广西喀斯特地貌。请同学们说一说你的家乡在哪儿？有哪些地理风貌？有哪些特色与特产？

图 1.1　广西喀斯特地貌

码 1-1　广西民族
建筑的生成背景

1.1 地理环境与水文条件

文化的形成与特定的地理有密切的联系，不同的地理环境会促成不同的建筑文化。

1. 地理环境

广西地处岭南，位于中国南部，东南毗邻广东，西南与越南接壤，西部和西南部分别与云南、贵州相邻，东北与湖南交界，南临北部湾。境内高山环绕，丘陵绵延，中部和南部大面积丘陵一直向东延伸。

总体而言，广西的地势特点是：山脉呈弧形分布，大致构成了不同的圈层，四周高中间低，形成了"广西盆地"；由于受到弧形山脉的分隔，广西境内山岭绵延，丘陵错综，平原狭小，平原面积占总面积的 14%，而山地丘陵面积占总面积的近 70%，因此，就有谚语"七山二水一分田"，以此来形象概括广西喀斯特地形地貌（图 1.1）。

在桂北、桂西北、桂东北地区以山地丘陵为主，保留少量平坦耕地，人们多利用坡地建房，森林覆盖率很高，林木资源丰富，常年气温较低，因此建造和发展了与之相适应的干阑建筑（也称干阑式建筑、干阑、干栏建筑）（图 1.2）。

图 1.2　广西典型的干阑建筑

桂中、桂南、桂东南地区，盆地较多，平地面积较广，河流交错，人们多住在平地、河边，建筑材料不及山地的木材丰富，人们便因地制宜，采用泥、土、石料、木料相结合的方式来建造不同于干阑房屋的地居式建筑，如图 1.3 所示。

图 1.3　广西钦州市灵山县佛子镇大芦村

2. 水文条件

古代人们在选择居住时，往往在交通线周围自然形成聚落。在古代陆路交通不发达的情况下，水路就成为重要的交通线。以水系为辐射，其周围就会形成经济、文化相对发达的地区。因此，水系对当地文化与各地文化的交流沟通有着重要的意义，更能促进当地民族文化的发展，形成相对成熟的建筑形制和住宅群。

广西雨量丰沛，河流众多，受盆地地形影响，广西水系形成了以梧州为出口的西江水系，呈叶脉状发散格局。以桂江、西江、柳江、红水河等为代表的主要河流，使沿江地区的经济、文化等随着历史的发展而发生着变化，带动了广西 4 座主要城市的发展，即桂林与桂江、南宁与邕江（西江上游）、柳州与柳江、梧州与西江。

由于水路交通便利的程度和城市发展的程度不同，广西民族建筑分布呈现一定的规律性：交通不便利的山地主要为少数民族居住，例如红水河，由于峡谷险窄，交通不便，其发展相对较慢，汉族民居比较少；交通便利的地方汉式民居比较多，由于民族迁徙，这些地区的民居分布相对复杂，但也有一定的规律。俗话说，"壮居水头，苗居山头，汉居地头"，各民族择地而建，成为村落，聚族而居，形成了奇特的聚落景观。

（1）红水河

红水河（图 1.4），是珠江流域西江水系的上游干流河段，在贵州省和广西壮族自治区之间。红水河河道坡度大，水流湍急，不适合航运，水路交通不发达。但红水河进入桂中丘陵平原地区后，河床平缓，耕地集中，历来是农业产区，孕育了以壮族文化为主体的多元文化，是壮族的主要聚居地，良好的耕作环境也吸引了其他民族的迁入。这一流域以壮族文化最为引人注目，如著名的花山岩画（图 1.5）。

图 1.4 都安、马山交界处红水河中游

图 1.5 蕴含丰富壮族文化的花山岩画

（2）柳江

柳江流域气候温和，植被丰富，历来是川黔通两广的重要水道，经济文化发达。同时洞穴众多，是古代先民理想的栖息地，在该水域内发现了大量古人类遗骨化石，柳江也因此成为华南人类先民和文化遗址的中心。

图 1.6 漓江山水

（3）桂江

桂江以兴安至平乐一段最为有名，即"漓江"（图 1.6），其中的灵渠沟通了长江水系和珠江水系，此地与湖广的联系密切。桂江流域的区位优势，使这些地区得到最先开发，加之中原文化传播较快，经济文化比较发达，汉化程度比较高，因此，目前流域内保留较为完好且有特色的建筑以湘赣传统建筑（汉式民居）为主，如桂林市灵川县大圩古镇（图 1.7）。

（4）西江

浔江流经桂中丘陵平原，到梧州与桂江汇合后称为西江，西江一路众纳百川，航运发达。梧州是西江枢纽，自汉代至明代，一直是华南地区的经济文化中心，优越的区位使西江一带的民居颇有特点，特别是近代的骑楼建筑，如梧州骑楼街（图 1.8）、北海老街骑楼（图 1.9）。

(a) 汉式建筑

(b) 古桥

图 1.7 桂林市灵川县大圩古镇

图 1.8　梧州骑楼街

图 1.9　北海老街骑楼

1.2　广西族群

文化是人类活动的产物，它的形成、积累、传输和变迁都离不开人的活动，广西民族建筑着眼于特定区域中的居民，包括土著民族和移民两种。广西土著民族是留下古代文化遗址的古骆越、西瓯人的后代；移民包括南迁的中原汉族和迁移的一些少数民族。

1. 骆越先民

广西气候温和，雨水充足，自然界物质丰富，适宜于原始人类的生息和繁衍。据研究资料表明，在距今 81 万～71 万年前，广西就有了原始人类活动。

依赖天然岩洞为栖身之所，是早期人类最为普遍的一种居住方式。广西地区的原始人类也是如此。广西属于石山地区，到处群山绵延，奇峰耸峙，形态各异、大小或高程不同的岩洞随处可见。优越的自然环境，为原始人的居住生活创造了有利的条件。目前，广西已经发现了多处人类化石遗址和旧石器时代文化遗存，如柳江人遗址、麒麟山人遗址、白莲洞人遗址、甑皮岩遗址（图 1.10、图 1.11）等。在这些遗址里，不仅出土打制石器、火炭灰烬、兽类骨骸及各种水生软体动物螺蚌壳

图 1.10　桂林甑皮岩遗址 1973 年发掘现场

类，许多岩洞里还发现有人类骨骸化石。这说明广西先民在没有能力修建房屋时，天然山洞就是他们的栖息之所。

有关文献记载，广西先民在穴居之后，出现了巢居（图 1.12）。之所以"构木为巢"，与当地特定的自然环境有关。因为南方地区气候炎热多雨，土地湿润，森林茂密，瘴气浓重，加之毒蛇猛兽横行，严重威胁着先民的身体健康和生命安全。因此，必须构造离地而

(a) 石斧　　　　　　　(b) 石凿　　　　　　　(c) 石矛

图 1.11　甑皮岩遗址出土的石斧、石凿、石矛

居的房屋，既可防止毒蛇猛兽的伤害，又可避免潮湿瘴气的侵蚀，保护人们的生命安全和健康，这种"巢居"现象，后人认为是最初的人工营造住屋。就像北方窑居被视为穴居形式的现代遗存一样，南方的干阑也被视为巢居不断演化和发展的产物。

创造干阑的广西先民是骆越人。战国秦汉时期，江南以及岭南各地居住着众多越人，因其支系繁多，故统称"百越"。文献中常见的越人有东越（今浙江一带）、闽越（今福建一带）、西瓯和骆越等。西瓯和骆越是百越中的两大重要支系，主要分布在今天的中国广西和越南北部。

西瓯人主要生活在今广西西江中游及灵渠以南的桂江流域，骆越人则主要聚居于广西的左江、右江流域和贵州省的西南部以及越南的红河三角洲地区。今天的南宁、玉林等地为西瓯与骆越杂居之地，而钦州、防城港等地为骆越集中居住地。西瓯、骆越因其所处的自然环境和特定的生产方式，创造了独具特色的干阑文化。

"干阑"在广西壮族聚居区称为"麻栏""高栏""阁栏"。从广西各地出土的大量汉代明器来看，最迟至汉代，干阑式建筑已盛行于广西各地，并且发展得相当完善，形式多样（图 1.13）。

图 1.12　依树积木巢居示意图

(a) 合浦出土的新莽时期干阑式铜仓明器

(b) 梧州低山东汉墓出土的铜明器

(c) 合浦望牛岭汉墓出土的干阑式铜屋

(d) 合浦风门岭汉墓出土的干阑式陶屋

(e) 梧州汉墓出土的滑石干阑式古仓

图 1.13　广西出土的干阑式建筑模型

　　从这些干阑式建筑模型可知：营造和居住离地而居，具有干燥、通风、安全性能的干阑式建筑，在广西地区广为流行。在建筑材料上，已经出现用烧制的瓦来覆盖房顶。工匠们营造的干阑具有结构严密、构造合理、造型美观、布局规整对称的特点，反映出干阑的营造技术已达到了较高水平。

　　宋人周去非的《岭外代答》中记载，当时的"深广"（桂西）一带民居主要以木、竹结构的干阑式建筑为主。位于平地为主、交通发达的诸郡大户人家，在当时已普遍使用青砖小瓦的砖木结构地居，部分"山民"也慢慢告别了木楼，住进了用土春墙或土坯墙垒的房屋中。

到了明清时期，砖木地居在汉族村落和寻常百姓家中大量使用。而在交通闭塞的山区（尤其是桂北山区），则仍然沿袭着全木构的干阑式建筑。

干阑式建筑通常为二层或者三层，下层圈养牲畜或堆放杂物，二层住人，如果有三楼的，通常为仓储。图1.14为广西干阑式建筑实例。

(a) 龙胜平安寨民居　　　　　　　　　　　(b) 上层住人、下层养畜的百色市那坡县达文屯壮族民居

图1.14　广西干阑式建筑

2. 民族迁徙

广西是一个众多少数民族与汉族大杂居的地区，除了壮、侗、仫佬、毛南等广西土著民族外，其他各民族都有迁徙的历史，汉族、瑶族的迁徙情况如下：

（1）汉族

汉族是从中原迁徙来的族群。迁徙路径大致有两条：军事政治型移民和经济型移民。

据记载军事政治型移民开始于秦代戍疆、开疆（公元前214年）时期，以后历代都有。人口迁徙带来了中原文化。公元216年，南越王赵佗有计划地传播中原文化，"稍以诗书化其民"，推动南迁汉族与少数民族通婚，增添人口，融合文化，使岭南地区的风貌发生了重大变化。在魏晋和唐代，安史之乱等不同时期的北方战乱使大量北方民族南迁，南方广大地区得到了开发。

经济型移民在汉代已经具有相当规模，借助合浦作为海上丝绸之路的起点，商贾从中原溯湘江，过灵渠，走桂江，经南流江抵合浦出海，与东南亚各国进行海上交通和贸易。在明清以后，因为广西水路的便捷，广东商人沿江而上进入广西经商。因此，在桂江、西江、邕江沿岸都有明清以后建成的村落。这些村落一般都有码头和相对完整的街道，如明清时期兴盛的黄姚古镇（图1.15），桂林市灵川县大圩古镇（图1.16）为明代广西四大圩镇之首。

（2）瑶族

瑶族是民族迁徙中最典型的一个。秦汉时期他们是生活在湖南的"长沙蛮""五溪蛮"和"武陵蛮"的一部分；南北朝时被迫北迁；隋唐时期由于统治者的压迫和歧视而返回南方；到明清时期，广西成为瑶族的主要聚居地，但仍然长期受压迫，因而公路沿线或河边往往是汉族或壮族村庄，山腰是苗族寨子，山坳或接近山顶的才是瑶族村寨。在瑶族的汉文献《过山榜》中，记载了瑶族迁徙的口头记忆（图1.17）。

图 1.15　黄姚古镇

图 1.16　大圩古镇

图 1.17　南丹白裤瑶

　　当然，民族迁徙也是民族生存的自然选择。在生产力低下的古代社会里，自然生态的优劣和变迁是引起人口迁徙的一个重要原因。从事刀耕火种、游猎采集的民族，总是努力寻找温暖、有肥沃土地和山林茂密的地方，这样就可以在生产技术相对落后的情况下，得到良好自然条件的补偿。秦汉以来，为逃避战乱，迁入广西的汉族多选择温暖、土地肥沃、水源充足、适宜农耕的地区定居下来，而很少进入高山地带。当然，当为数不多的平地地区再也容纳不了更多的移民时，地广人稀的山区也会成为迁徙的主要方向和目标。在土地资源和生存空间争斗中失败的民族也开始被迫而无奈地向山区迁移，开辟新的生活环境。

1.3　社会经济

　　社会经济的发展对建筑的形成与发展有重要的作用。随着人类社会的发展和生产力水平的提高，人们生活方式不断演变，广西民族建筑的空间布局与结构形式也不断得到改进和发展。

1. 不同时期的经济对建筑功能的影响

原始社会，广西先民住下层架空、上层居住的原始干阑式建筑，其仅具有住宅的最基本功能。

随着社会发展，居住建筑的功能不断增加，除了居住，农业生产工具、肥料需要放置，粮食需要储藏，家庭炊饮、起居、聚会都需要相应的空间，因此，人们在营造房屋时逐渐发展了住屋的多种功能，宗族内供族人集会、议事、祭祀等建筑，以及派生出的文化、娱乐、工商等公共建筑也应运而生。

2. 不同地区的经济对建筑功能的影响

在封建自然经济中，由于不同地区的自然条件不同，农业生产力水平存在差异，广西各地区的经济发展水平很不一致。经济发展的不平衡，造成居住建筑的功能发展也存在很大差异。

在桂北和桂西少数民族居住的山区，地方偏僻，群山绵延，道路崎岖，交通闭塞，对外交流较少，人们长期按照传统的农耕方式生活着，社会经济发展较为缓慢，一般人家收入水平低，没有建造宽大居住建筑的经济实力，只能建造功能相对简单、能满足人们的基本生活需要的普通住居。在一些地方偏僻、经济落后的少数民族地区，直到现在仍保持着单室式的简陋干阑式建筑。

桂东、桂南地区，商品经济相对繁荣，经济水平高，生产生活方式多样化，居住建筑除了满足日常生活起居需要外，一般还要满足手工业、商业、文化教育等需要，功能空间相对多样化。

3. 不同的家庭经济对建筑功能的影响

在同一地区，家庭经济条件不同，对居住建筑的功能要求不同，建造的房屋大小、空间布局也不同。

普通人家，首先考虑的是物质需要，住宅主要是满足家庭日常起居饮食的需要，其没有建造更多房屋的经济能力。

相比之下，有着雄厚经济实力的富贵人家，其宅院外观森严，内部豪华，布局上突出轴线，主次、内外分明，住宅空间规模较大，形式上气势恢宏，建筑内外的装饰丰富多彩、参差多态。

广西来宾市忻城县莫氏土司衙署及祠堂（始建于明万历十年，即1582年）（图1.18），就是壮族地区权贵豪宅的典型代表。

(a) 衙署正门

(b) 衙署内部

图 1.18　广西来宾市忻城县莫氏土司衙署及祠堂（一）

(c) 大院祠堂

(d) 大院园林小景

图 1.18　广西来宾市忻城县莫氏土司衙署及祠堂（二）

　　广西玉林市兴业县庞村梁氏祖屋（始建于清乾隆四十一年，即 1776 年）的装饰（图 1.19），瓦当、屋檐、窗额的精美雕刻，虽历经二百多年，依然鲜艳夺目。

图 1.19　广西玉林市兴业县庞村梁氏祖屋的装饰

4. 经济发展促进建筑转型

由于经济形态不断发生变化，以满足基本生活、居住要求的建筑也与时俱进，逐步转型。

竹筒房可以说是城镇化的产物，它的存在与经济发展水平密切相关。随着社会经济的发展，农民不断涌入城镇，在城镇工作生活，促使城镇规模不断扩大，城镇土地价值越来越高。为了减少对土地的占用，同时解决居民的生产生活和居住问题，竹筒房在广西城镇中大量出现。

竹筒房（图 1.20）是一窄开间、大进深、多层联排式住宅，因其形似竹筒而得名。

当城市经济水平提高到一个新的阶段后，竹筒房又会逐渐减少。随着人居环境的不断改善，功能较差、开发价值不高的竹筒房就会逐渐被功能合理、开发价值更高的现代建筑取代，直至最终在城市中消失。

图 1.20　广西城镇竹筒房

1.4　广西多元交叠的建筑文化背景

历史上，广西受外来文化的影响很深，广西在不同时期、不同地区，曾经接受过多种外来文化的影响，包括中原汉文化、湘赣文化、广府文化、客家文化、海外文化与古越文化，多种文化融合共生，相互交叠，深刻地影响并伴随着广西建筑文化的发展。

1. 古越文化

在 1.2 节中，已经提到广西先民是骆越人，因其所处的自然环境和特定的生产方式，创造了独具特色的干阑文化。直至近代，广西的壮族、侗族等少数民族部分居民，仍然居住传统的"干阑式"住房（图 1.21）。

2. 中原汉文化、湘赣文化、广府文化、客家文化

汉族是从中原迁徙来的族群，民居通常为院落式住宅。秦汉以后，中原移民将中原儒学南传，儒学是中国封建社会的主流文化，它不仅在汉族院落文化中占有主要地位，而且

图 1.21　柳州市三江侗族村寨

也部分地影响着广西少数民族的居住文化和生活方式。在官宦院落中，儒家思想的主导地位尤为突出。

南宁黄家大院（清朝康熙初年，即 1671 年建成）（图 1.22），其空间布局规整且层层推

图 1.22　南宁黄家大院

进，是传统儒家思想和等级森严的封建礼法在建筑空间上的体现。在正院中，北房南向是正房，房屋的开间进深较大，台基较高，多为长辈居住；东西厢房开间进深较小，台基也较矮，常为晚辈居住。正房、厢房之间通过连廊连接起来，围绕成一个规整且里弄空间丰富的院落。祠堂位于合院的中心位置，是统治整个大院的精神中心，这是中原建筑讲究礼制、注重伦理的建筑风格。

灵山县大芦村，至今仍保存着数座清代劳氏家庭的院落。在几座劳氏院落中，东园别墅修造的时间比与之隔水相望的双达堂要晚，双达堂的主人是东园别墅主人的先辈，所以，东园别墅的门楼比双达堂的门楼要矮小，以示孝道和谦逊。在劳氏院落中，建筑是严格按照封建等级制度的要求来设计和布局的，规矩森严，上下尊卑，各住其房，各走其道，不能越雷池半步。

匾额和楹联，是汉族民居中不可或缺的建筑装饰的一部分，它对院落文化起着点题、点"睛"的作用。在劳氏家庭院落中，仅现在整理出来的完整的楹联就有 315 副，内容涉及节庆、交际、天文地理、婚丧嫁娶、历史政治、行为规范、学问修养、家庭传统等，这些楹联所透露出来的信息丰富而庞杂，但主导内核只有一个，即儒家思想（图 1.23）。贺州黄姚古镇的匾额和楹联，是古镇的一大人文景观（图 1.24）。

图 1.23　灵山县大芦村楹联文化

广西汉族传统建筑可以分为湘赣、广府和客家三类，湘赣式建筑文化由江西、湖南汉族人带来，受儒家文化影响明显。

清中期后，由于广东福建一带地少人多，更多的汉族人从福建、广东等地迁来，中原移民与当地土著不断碰撞、融合之后，形成一种独特的广府文化。此起彼伏的镬耳屋（图1.25、图 1.26）是岭南传统广府民居的特色，一般是出过高官的村落，才有资格在屋顶竖起镬耳封火山墙。

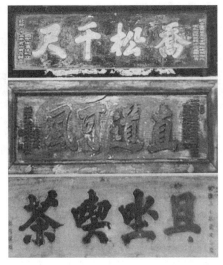

图 1.24　贺州黄姚古镇楹联和牌匾文化

　　镬，是古代的一种大铁锅，"镬耳屋"因其山墙状似镬耳，故称"镬耳屋"。镬耳山墙最直接的功能是可遮挡太阳直射，减少屋内的闷热。而高高的镬耳山墙，可挡风入巷道，让风通过门、窗流入屋内，令屋内清凉如水。

　　图 1.25 为广西钦州市灵山县佛子镇大芦村的院落式住宅。图 1.26 为广西桂林市灵川县江头村古民居群。

图 1.25　院落式住宅——灵山县佛子镇大芦村　　　　图 1.26　桂林市灵川县江头村古民居群

　　客家人是汉族族群分支，客家源流始于秦征岭南融百越时期，历魏、晋、南北朝、唐、宋，由于北方战乱等原因，中原民众逐步往江南，再往闽、粤、赣迁徙，最迟在南宋已形成相对稳定的客家族群。中原客家经五次迁移后，于清朝同治和光绪年间再次从福建广东迁到广西沿海地区。

　　在不断迁徙的过程中，为了更好地在新移居地生存下来，客家人往往有很强的自我保护意识，崇宗敬祖、聚族而居是客家族群的特点，客家围屋是其民居的代表，几户甚至几十户的同宗居民聚居在一起，在房屋群的四周建起高大的防护墙，墙上往往有向外瞭望、防卫的枪眼，院内建有晒场、公共祠堂等设施。图 1.27、图 1.28 为北海市合浦县公馆镇沙垠圆山墩土围楼和北海市合浦县曲樟乡曲木村客家土围楼。

图 1.27　北海市合浦县公馆镇沙垠圆山墩土围楼　　图 1.28　北海市合浦县曲樟乡曲木村客家土围楼

3. 海外文化

广西沿海地区位于中国西部的出海口和中国海岸线最南端，是汉代"海上丝绸之路"的始发港，也是广西对外开放、交流的一个重要门户。明清以后，特别是 1876 年北海被辟为对外通商口岸后，近代西方建筑文化传入，广西沿海出现了西式洋房、商街骑楼等建筑式样。自 20 世纪 20 年代起，在广西沿海地区，西式洋房、商街骑楼建筑遍布大城小镇，有哥特式、南洋式、巴洛克式、中华传统式，融会贯通，各具特色。

图 1.29 为北海骑楼，它以沿街下层铺面设置带覆盖的通道敞廊为特征，建筑立面带有浓厚的洋式造型，以底层柱廊、楼层和檐部女儿墙、山花组成三段式构图。

图 1.29　北海骑楼

图 1.30 为钦州市灵山县檀圩镇龙窟塘中西合璧建筑，图 1.31 为北海市合浦县合浦花楼，是中西结合的近代庭园别墅式建筑群。

图 1.30　钦州市灵山县檀圩镇龙窟塘中西合璧建筑　　图 1.31　北海市合浦县合浦花楼

思考题

一、选择题

1. （单选题）广西地处岭南，位于中国（ ）。

A. 东南部 B. 西南部

C. 南部 D. 东北部

2. （单选题）广西民族的土著民族是（ ）。

A. 骆越先民 B. 汉族

C. 瑶族 D. 客家族

3. （多选题）（ ）地区以山地丘陵为主，保留少量平坦耕地，人们多利用坡地建房，建造和发展了与之相适应的干阑建筑。

A. 桂北 B. 桂西北

C. 桂东北 D. 桂中

E. 桂南

4. （多选题）广西的地势特点是（ ）。

A. 受到弧形山脉的分隔，广西境内山岭绵延，丘陵错综，平原狭小

B. 平原面积占总面积的 14％，而山地丘陵面积占总面积的近 70％

C. 山脉呈弧形分布，大致构成了不同的圈层，四周高中间低，形成了"广西盆地"

D. 受到弧形山脉的分隔，广西境内山岭绵延，丘陵错综，平原宽广

E. 有谚语"七山二水一分田"，以此来形象概括广西喀斯特地形地貌

5. （单选题）干阑式建筑是起源于（ ）。

A. 海外文化 B. 中原汉文化

C. 广府文化 D. 古越文化

6. （单选题）带动桂林经济和文化发展的河流是（ ）。

A. 湘江 B. 桂江

C. 西江 D. 邕江

7. （单选题）汉族民居主要的住宅形式为（ ）。

A. 院落式 B. 干阑式

C. 联排式 D. 竹筒式

8. （单选题）1876 年，被辟为对外通商口岸的是（ ）。

A. 防城港 B. 钦州

C. 东兴 D. 北海

二、判断题

1. 桂北、桂西北、桂东北地区的盆地较多，平地面积较广，河流交错，人们多住在平地、河边，建筑材料不及山地的木材丰富，人们便因地制宜，采用泥、土、石料、木料相结合的方式来建造不同于干阑式房屋的地居式建筑。 （ ）

2. 广西土著民族是留下古代文化遗址的古骆越、西瓯人的后代；移民包括南迁的中原汉族和迁移的一些少数民族。 （ ）

三、问答题

1. 简述广西独具特色的干阑式建筑出现的原因。

2. 广西的主要河流有哪些?

码 1-2　第 1 讲思考题参考答案

绘图实践题

请用 A4 绘图纸完成下列图形的抄绘实践。

1. 抄绘图 1.12 依树积木巢居示意图。

2. 抄绘图 1.26 桂林市灵川县江头村古民居群。

3. 上网搜索北海骑楼,选一幅图进行抄绘。

思政拓展

码 1-3　广西竹楼:高风亮节——竹子(1)

码 1-4　广西竹楼:高风亮节——竹子(2)

第2讲

Chapter 02

广西民族建筑的特色

学习目标

知识目标：

1. 熟悉广西民族建筑的地形特色；

2. 熟悉广西民族建筑的建筑特色，了解各民族建筑文化相互影响、相互学习、吸收、交融的特点；

3. 熟悉广西民族建筑干阑式和砖木地居式的建筑特征。

能力目标：

能简要分析广西民族建筑的地形、民族、结构特色。

思维导图

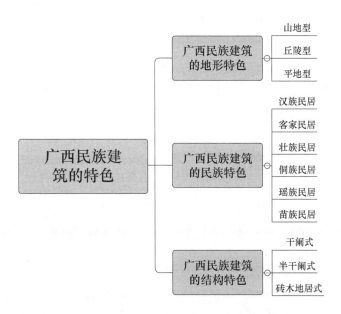

问题引入

图 2.1 为陆地地形类型的示意图。

陆地地形的基本类型包括平原、高原、丘陵、山地和盆地等，不同的地形类型有着不同的特征。

广西的地形包括哪些类型？不同地形对广西建筑有哪些影响？同学们，阅读本讲的知识或者利用互联网查询，试一试，找一找，说一说。

码 2-1 广西民族
建筑的特色

图 2.1 陆地地形类型的示意图

2.1 广西民族建筑的地形特色

自秦以来，中原文化在岭南广泛传播，中原人移居岭南后，多居住在地势较平缓、交通较便利的桂东北和桂东南地区，并逐步向桂中一带扩散，因而有力地促进了当地经济和文化的发展。而桂北和桂西山区因地方偏僻，且群山延绵、交通闭塞，汉人进入的时间较晚，人数也较少，因而受汉文化的影响也较小，人们仍延续着传统的生产生活方式，社会经济和文化的发展较为缓慢。因此，广西地区的社会、经济、文化的发展出现了较明显的地方差异。由于各地的自然环境以及人们的生产生活方式不尽相同，有山区、半山区、平坝区或稻作区、旱作区、林区、渔区之分，广西各地建筑在建筑结构、建筑材料和营造方法上也出现了明显的差异。可从地形、地势出发，将广西民族建筑划分为山地型、丘陵型和平地型。

1. 山地型

广西山地型建筑主要坐落在高山峻岭的山崖、山腰和陡坡上，其形式以干阑式建筑为主，分布地区有广西西北部的龙胜、三江、融水、都安、大化、东兰、天峨、南丹、巴马，广西东北部的富川、恭城，广西西部的西林、田林、隆林、那坡、德保、靖西及广西南部的上思等少数民族地区，尤其以瑶族最为普遍，素有"岭南无山不有瑶"之说。

桂北山区干阑式建筑是其中的典型（图 2.2）。

(a) 广西龙胜平安寨　　　　　　　　　　　　　　(b) 吊脚楼

图 2.2　山地型建筑——广西龙胜平安寨

桂西山区的建筑在保持干阑式基本形态与功能的基础上，在建筑结构、营造工艺和建筑材料等方面呈多元化态势（图 2.3），既有全木结构高脚干阑式，也有次生形态的硬山搁檩式干阑，还有结构简单、工艺粗糙、用泥竹糊成山墙的具有原始形态特征的木竹结构的勾栏式干阑。

图 2.3　广西百色市隆林县张家寨山地型建筑

2. 丘陵型

广西的丘陵地主要分布于中低山地边缘及主干河流两侧，以桂东南、桂南、桂中一带较为集中。这类土地的特点是坡度缓、土层厚、谷地宽、光照条件好、人类活动频繁。

由于坡度缓，丘陵地带的传统建筑多分布在山岭之间田垌或谷地边缘的山脚缓地上，住房前面和两翼的地势较为平缓开阔，有足够的耕地供人们进行生产活动（图2.4）。

图2.4　丘陵型建筑——三江马鞍寨

建筑形式大多已经由传统的干阑式发展演变为以土坯、夯土或石块构筑而成的半地居式硬山搁檩建筑（图2.5），其中以"凹"形矮脚石木结构干阑式为典型。

在玉林、钦州以及南宁东部的横县等地区，硬山搁檩的汉式传统建筑比较普遍，自秦汉以来，特别是宋、明以后，大量的汉族先后进入这些地区，汉文化的传播极大地促进了这些地区社会、经济和文化的发展，传统建筑形式也相应汉化。

图2.5　钦州大寺壮族干阑

3. 平地型

平地型建筑主要分布于桂北、桂南沿海、桂东南、桂中及左江河谷。平地地势平坦、土层深厚、自然肥力高、水源充足、光照条件好，十分有利于农业发展，是目前广西最主要的粮食作物和经济作物生产基地，也是城镇密集带。其中，桂南地区的广府式建筑较为典型，主要分布在贵港、玉林、钦州等地区，这些地区在历史上曾是广东、福建等外来移民的聚居地。大量东粤移民的迁入，使桂南地区的传统建筑形制逐渐被客家系民居建筑和广府系民居建筑同化（图 2.6、图 2.7）。

图 2.6　平地型建筑——钦州灵山大芦村　　　　图 2.7　平地型建筑——贺州富川秀水村

以上从地形、地势上对广西民族建筑的划分是相对的，因为建筑的形式一方面受地形、地势、气候、建筑材料的限制，另一方面也受各民族建房习俗和民族融合的影响。因此，各种因素的集合，就会使同一地形上出现几种不同的建筑特色。下面将从民族、结构的角度对广西民族建筑的特色进行分析。

2.2　广西民族建筑的民族特色

广西的民族众多，有壮、汉、瑶、苗、侗、仫佬、毛南、回、京、水、彝、仡佬十二个世居民族，另外还有布衣、满、蒙古、土家、黎、朝鲜、藏、维吾尔等二十多个民族的少量人口在广西境内，各民族的历史造就了各民族独特的文化特征。文化特征体现在具有不同的民族特色的建筑上，典型的有汉族民居、客家民居、壮族民居、侗族民居、瑶族民居、苗族民居等。

这些民族虽然语言各异，风俗有别，但在长期的历史发展过程中，相互接触交往，相互学习吸收，相互影响与交融，建筑文化除具有不同特色外，也具有诸多相同特征。

1. 汉族民居

汉族在广西各地均有分布，梧州、玉林、桂林、钦州、柳州、南宁、北海等地是汉族居住较为集中的地方。

汉族民居最显著的特征在于它是以院落为单位（图 2.8、图 2.9）。通常院落以纵向中轴线为准，对称布置。院落中最重要的堂屋布置在中轴线上，堂屋（图 2.10）迎门墙壁的正中安放神位，家中的礼仪活动，主要是在堂屋进行；院落中除堂屋之外的其他房屋，按照对称的原则，分布在堂屋左右；多进式院落，以中轴线贯穿前后，纵向排列，层层递进。在城镇中，出于商业与居住集于一体的需要，出现了院落缩小为小天井、每户面宽小而进深长的"竹筒房"。

在村寨中，院落之间的距离很近，形成集群式的院落组群。一般情况下，同宗同姓的院落，会按照同一朝向排列，共同组成一个大院落群，大院落前有与小院落共同的前庭和院

图 2.8　钦州灵山大芦村汉族民居院落

图 2.9　钦州灵山苏村院落一角

图 2.10　广西民居中的堂房

图 2.11　贺州黄姚古镇

门。在大的村寨或古镇中，汉族村寨沿街巷线性排列，院门都朝街巷开设。如贺州黄姚古镇（图 2.11），一条青石板街，院落沿街巷两旁排列，形成典型的带状格局。

天井是汉族院落中特有的空间。院落是封闭的，天井则是封闭中对天宇开放的空间，有通风、采光、组合实体建筑等功能，是实体建筑之间的缓冲与过渡；院落中除了墙体对人的肉体有封闭作用外，传统宗法和礼教对人的精神也有禁闭作用，而有了天井，处于肉体、心灵双重封闭中的人们，就有了一个可以透气和舒缓的空间，因此，天井又具备了它特有的精神功能。如果房屋为"实"，那么天井即是"虚"，院落是虚实结合的空间。汉族院落这种虚实结合的特点，是汉族文化中对于虚实、阴阳、圆缺、祸福等对立统一关系认识的一种反映。

2. 客家民居

广西的客家人多分布在桂东南一带，如玉林、贵港、梧州、贺州、钦州、北海等。

客家人强调聚族而居，与其他民系采取以村落的形式聚居不同，客家人的整个宗族若干家庭几十人甚至几百人习惯共同居住于同一门户之内，共享厅堂与"同一个屋顶"。为了抵御来自自然和人为的外来侵略，客家建筑也更为强调围合性与封闭性。图 2.12 为贺州莲塘江氏围屋，门楼与高墙围护，屋宇、过厅、大堂、厢房、天井齐全且错落有致（图 2.13）。

图 2.12　贺州莲塘江氏围屋

(a) 天井

(b) 中门

(c) 回廊

图 2.13　江氏围屋内部

图 2.14 玉林朱砂峒客家围屋示意图

图 2.14 为玉林朱砂峒客家围屋，背靠山坡，依势而建，整个建筑为半月形，门口池塘为半月形，巧妙地形成一个圆。

其以祠堂为中心两侧对称纵向布置四排建筑（图 2.15），围屋的围墙高6m，厚 0.7m，呈马蹄状环绕整个建筑群。墙体上遍布枪眼，围墙上设有可作瞭望、射击用的炮楼，具有较好防御功能（图 2.16）。

图 2.15 玉林朱砂峒客家围屋内部

图 2.16 玉林朱砂峒客家围屋城墙

3. 壮族民居

广西是壮族聚居最集中的地区，壮族在广西的主要聚居地为南宁、柳州、百色、河池、钦州、防城港、贵港、桂林龙胜等地区。

壮族村寨多分布在边远山区的山坡上，少数分布于缓坡平原。他们喜欢聚族而居，以宗族为单位设置村寨，居屋往往形成若干组团，组团内每家每栋木楼独立，较少联排，当然，也有几兄弟的木楼连成一体的情况。组团之间随地势的起伏或溪涧的相隔而保持一定距离。高大茂密的榕树或樟树往往是壮族村寨的风水树，也是壮族村寨的标志。

壮族干阑式建筑（图 2.17、图 2.18）是广西民居类型中最具特色的一种，能适应各种复杂的地形。

桂北壮族干阑式建筑一般都比较高大，工艺较为讲究；桂西南一带的壮族干阑式建筑体量相对矮小，工艺也比较粗糙。

图 2.17　龙胜平安寨壮族民居

图 2.18　龙胜金竹壮寨

4. 侗族民居

广西侗族主要分布在桂北的三江侗族自治县、融水苗族自治县和龙胜各族自治县，其中以三江县侗族人口最为集中，少量侗族分散在龙胜、融安、罗城等地，与其他民族杂居，总体呈现出大聚居、小分散的格局。

侗族村寨（图 2.19）多伴山、邻河溪而建，寨前有集中的田地，也有一些村寨散落在较高的山坡上，喜同族聚居。无论同族村寨或与其他民族杂居的村寨，村寨

图 2.19　三江侗族村寨

建筑群体布局与外部空间构成上最大的特色是：村寨必有鼓楼（聚集议事及娱乐的场所），大的村寨鼓楼可达几个；沿溪必有风雨桥（图 2.20），鼓楼与风雨桥的造型丰富多样。也常设独立的或与风雨桥结合的寨门，井亭、戏台较为普遍，常将多家木楼连接成排。这既适应侗族的民族生活习俗，也反映了能歌善舞、以"侗族大歌"著称的民族文化传统。

每户干阑式建筑以三层居多，与壮、瑶、苗等少数民族一样按竖向划分功能区：底层架空层一部分或全部围合为畜圈、农具肥料库房，二层住人，三层主要作粮食存放、风干

等用途。平面灵活自由，进深不太大，开间有两至七八间或顺地势转折。屋顶以两坡顶为主，在山墙面或正、背面按挡雨需要加出高低、长短不等的披檐，形成侗族民居形态上最鲜明的特色（图2.21）。

图2.20 三江程阳风雨桥

图2.21 三江富有特色的侗族建筑

5. 瑶族民居

历史上，瑶族迁移频繁，于隋、唐时期迁入广西东北部，后逐渐向广西腹地发展。从桂北的都庞岭、越城岭、大南山、大苗山、九万大山，到桂南十万大山，从桂东的大桂山，到桂西的青龙山、金钟山，都有瑶族居住。

瑶民们喜欢聚寨而居，如龙胜红瑶的大寨、田头寨、壮界寨等。瑶寨多建在山坡较高处，木构干阑是山区瑶族常用的居住建筑，木楼排列整齐，多依山而建，自然形成若干小组团（图 2.22）。瑶寨的组团和单幢干阑建筑在外观上与壮、侗、苗等少数民族较为类似，但在内部空间构成上有自己的民族特色，以金秀县金秀村茶山瑶最为典型：堂屋是建筑的中心，神位设在堂屋迎门墙壁的正中（当然，也有一些瑶族是不供奉祖先神位的，如南丹白裤瑶），神龛雕刻精致，神秘而庄重；神位背后的房间最为尊贵，一般由家中的长者居住；与壮、侗等少数民族一样，"火塘"在瑶族人的家庭生活中占有极其重要的地位，是家庭活动的中心，家中的炊饮、取暖、聊天、待客等都在火塘边进行；大门旁边的外墙上挑出一个"木楼"给女孩子居住，离地面约 2m，男孩与女孩约会时爬上爬下很方便，这就是金秀瑶居中最具特色的"爬楼"（图 2.23）。富川、象州等地常见的三间堂式瑶居也很

图 2.22　桂林龙胜红瑶大寨瑶族民居

图 2.23　来宾金秀瑶族民居

有特点，多为砖墙，底层住人，上为阁楼，用于仓储，或作青年的卧室。

瑶族村寨中有少量的风雨桥和戏台（图2.24、图2.25）。风雨桥的桥廊都是木结构，屋顶覆以青瓦，供往来行人休息或纳凉；逢年过节时，戏台便成为瑶族村民歌舞的地方。

图2.24　贺州富川瑶族风雨桥　　　　　图2.25　富川瑶族古戏台

6. 苗族民居

广西苗族主要分布在桂北、桂西北和桂西地区，从桂北的资源、龙胜、三江、融水、罗城、环江至桂西北的南丹、隆林、西林、田林，到桂西的那坡，形成一个大弧形，与湖南、贵州的苗族分布区连成一片，与壮、瑶、侗、汉等民族相互杂居，关系密切。

苗族多聚居于深山大岭之中，村寨一般依山而建，多选址于半山腰，也有一些选址于山顶，如百色隆林县德峨乡张家寨（图2.26）。在柳州融水苗族自治县，苗族村寨多建在山脚或平地上，选址于近水处也是苗寨的一个特点（图2.27）。苗族村寨一般不是很大，以30～50户居多。近年来，由于交通条件改善，与外界交流频繁，在地势平缓之处的规模较大的苗族村寨也很常见。

苗族的吊脚楼房多是木楼盖瓦，木板作壁，人居楼上，空气流通，凉爽、宽大，楼下关养牲畜、堆放农具杂物，与壮族、瑶族的干阑民居相似。

图2.26　百色市隆林县德峨乡张家寨　　　图2.27　柳州融水元宝寨苗族民居

2.3　广西民族建筑的结构特色

按结构划分，广西民族建筑可分为干阑式（楼居型）和砖木地居式两种主要类型，广西各民族现存的民族建筑形式，都是在壮族的干阑式和汉族的地居式建筑的基础上发展起来的，期间经历了一个从简单到复杂、从点到面、从原始简陋到逐步完善以及相互影响、吸收与仿造的发展过程。

1. 干阑式

干阑式建筑是山区少数民族一种特别的楼居形式（图 2.28）。其主要特点有：底层架

(a) 龙胜金竹壮族干阑式建筑

(b) 三江侗族干阑式建筑

(c) 融水苗族干阑式建筑

图 2.28　广西干阑式建筑

空通透，起到防潮作用，主要用于关养牲畜或存储，有的设木栅栏或竹篱笆围护以防盗；中层住人，内部空间宽敞，空气流通自如，室内较为凉爽；顶层为阁楼层，用于粮食存储或辅助居住。平面结构布局灵活，内外结合自然；居住层平面方正规整，设板梯上下，近门处设火塘，为全室起居中心；堂屋两侧或后面设卧室；前部设外廊和晒台，自由活泼，是白天活动的主要场所，也是建筑同环境融合呼应的一种表达方式。规整的穿斗木构架体系已发展成熟；建材以竹木为主，且就地取材，亲切朴实而经济，以前的屋顶覆盖物多是树皮和竹片，现在主要是青瓦。

全干阑式建筑在适应复杂山地条件、结合地形、利用坡面空间和便于内外联系上有一定的局限性，因此，全干阑式建筑不多，散见于边远山区的壮族、侗族、苗族、瑶族等民居中。

2. 半干阑式

半干阑式建筑是干阑式建筑在寻求更适应山地环境的过程中创新发展的一种形式，也称"半边楼"（图 2.29）。

图 2.29　龙胜金竹壮寨依山而建半干阑式建筑（一）

图 2.29　龙胜金竹壮寨依山而建半干阑式建筑（二）

其主要特征有：半楼半地的平面空间组合，形制成熟。外形虽简单规整，但在纵向上分为两大部分，即前部为楼居，后部为地居，特别能适应各种复杂的山区地形和苛刻的基地条件，同自然环境有机契合。具有别致巧妙的曲廊入口和退堂手法，入口常设于山墙面，通过曲廊导入正面退堂处的主要宅门，打破了干阑由底层登梯入室的传统方法，使室内外联系更为灵活。功能分区合理，与全干阑式建筑相同。由于半干阑形制完善成熟，具有高度的灵活性、适应性、经济性和合理性，因此，在广西少数民族地区数量较多，显示了它强大的生命力。

3. 砖木地居式

砖木地居式建筑是目前广西地区数量最多、分布最广的一种建筑类型，广西各民族特别是汉族、回族、壮族、仫佬族、京族等聚居的广大地区都流行这种建筑形式。

砖木地居一方面由砖木干阑发展而来，另一方面也由中原直接传入。它与干阑建筑相比，有如下变化：木材的使用减少，土坯、砖、石等材料的使用增加；从干阑的木构屋架承重发展到砖木墙体承重；从楼居发展为地居，从人上畜下共处一楼发展为人、畜分离；从平面布置上看，从简单的矩形单体到复杂单体，最后发展成为单体的组合（院落），通过天井连接单体形成合院。

图 2.30 为灵川县江头村汉族古村落，它是一个保存了明清两代传统民居的汉族村落，是典型的汉式四合院建筑，由门楼、天井、主屋和厢房组成。门楼多与主屋的厅堂相对，是出入院落的通道；主屋流行三开间，高大宽敞，堂屋居中，是祭神、会客、聚餐之处；四面墙体相互连接，形成一个封闭的具有良好防卫功能的建筑组群。

贺州富川秀水村是典型的砖木地居式村落（图 2.31）。

图 2.30　灵川县江头村汉族古村落　　　　图 2.31　贺州富川秀水村

总的来看，广西民居在民族融合与文化交流中呈现出多元的样式。

思考题

一、选择题

1. （单选题）以下不是广西山地型建筑主要坐落位置的是（   ）。

A. 山崖   B. 陡坡上   C. 山腰   D. 山脚

2. （单选题）以下不属于丘陵地土地特点的是（   ）。

A. 谷地宽、光照条件好   B. 坡度缓、土层厚

C. 高山峻岭   D. 人类活动频繁

3. （多选题）汉族民居主要特征有（   ）。

A. 以院落为单位

B. 院落中最重要的堂屋布置在中轴线上

C. 天井是汉族院落中特有的空间，是封闭院落中对天宇开放的空间，有通风、采光、组合实体建筑等功能

D. 高大茂密的榕树或樟树往往是汉族村寨的风水树，也是汉族村寨的标志

E. 汉族村寨沿溪必有风雨桥

4. （多选题）平地型建筑主要分布在（   ）。

A. 桂东南   B. 桂北   C. 桂南沿海

D. 桂中   E. 左江河谷

5. （多选题）干阑式建筑的主要特点有（   ）。

A. 底层架空通透，起到防潮作用

B. 中层住人，内部空间宽敞，空气流通自如，室内较为凉爽

C. 顶层为阁楼层，用于粮食存储或辅助居住

D. 建材以土石为主，且就地取材，亲切朴实而经济

E. 屋顶覆盖物多是树皮和竹片，现在主要是青瓦

6. （多选题）广西民族建筑的结构类型有（   ）。

A. 干阑式   B. 半干阑式   C. 砖木地居式

D. 山地型   E. 丘陵型

7. （单选题）天井是（   ）民族院落中特有的空间。

A. 壮族   B. 汉族   C. 瑶族   D. 侗族

8. （单选题）半楼半地的平面空间组合属于（   ）建筑结构的特征。

A. 半干阑式   B. 全干阑式

C. 砖木地居式   D. 客家民居式

二、判断题

1. 瑶族村寨多伴山、邻河溪而建，寨前有集中的田地，也有些村寨散落在较高的山坡上，喜同族聚居。最大的特色是：村寨必有鼓楼、沿溪必有风雨桥。（   ）

2. 壮族在广西的主要聚居地为南宁、柳州、百色、河池、钦州、防城港、贵港、桂林龙胜等地区。壮族村寨多分布在边远山区的山坡上，少数分布于缓坡平原。（   ）

三、问答题

1. 简述广西民族建筑的地形特色。

2. 广西主要有哪些民族？

码 2-2　第 2 讲思考题参考答案

绘图实践题

请用 A4 绘图纸完成下列图形的抄绘实践。

1. 抄绘图 2.20，也可以上网搜索资料，根据搜索的三江程阳风雨桥进行绘制。

2. 抄绘图 2.24，也可以上网搜索资料，根据搜索的贺州富川瑶族风雨桥进行绘制。

思政拓展

码 2-3　广西风雨桥：风雨炼匠心，榫卯扣传承（1）

码 2-4　广西风雨桥：风雨炼匠心，榫卯扣传承（2）

第**3**讲

Chapter 03

广西民族建筑的聚落成因、空间特色和建筑材料

学习目标

知识目标：

1. 熟悉广西民族建筑的聚落成因和空间特色；
2. 了解广西民族建筑的建筑材料。

能力目标：

能简要分析广西汉族、壮族、侗族、瑶族、苗族村寨形成的原因，村寨选址、村寨建筑的特色。

思维导图

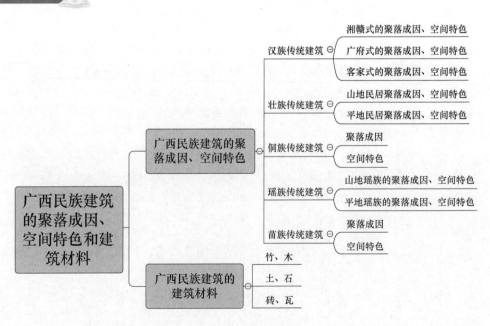

问题引入

图 3.1 是广西灵川的江头村。

江头村被誉为中国百年清官第一村，是周敦颐的后代以爱莲文化为核心建村，因为重视教育进而成为一个历史文化积淀深厚、文物古迹丰富、历史环境和自然环境保存完整的传统村落。

住房和城乡建设部公布的六批共计 8155 个中国传统村落名单中，广西壮族自治区共有 342 个村被列入中国传统村落名录，涵盖全区 14 个设区市，即桂林、柳州、玉林、贺州、来宾、钦州、南宁、百色、北海、梧州、贵港、崇左等市。

图 3.1 中国传统村落——广西灵川的江头村

中国传统村落指的是"村落形成较早，拥有较丰富的传统资源，具有一定历史、文化、科学、艺术、社会、经济价值，应予以保护的村落"。

同学们，查一查，你的家乡有中国传统村落吗？说一说，你的家乡有哪些特色？

3.1 广西民族建筑的聚落成因、空间特色

聚落，原指人类居住的场所，同"村落"，是一种综合性的社会实体，是镇或城市形成的最初状态，是在一定地域内发生的社会活动与生活方式的总和，广西因为自然地理、文化背景、现实需求等因素，形成不同的聚落特色，展示了各民族的生活图式和集体智慧。

广西传统村寨的形成与发展离不开客观的地理环境，有利的地形、方便的水源、充足的阳光、秀美的环境、便利的交通等都是广西传统聚落选址的基本要素。

历史上的民族迁徙也是影响广西少数民族聚落分布特征的重要原因之一。汉族自秦始皇统一岭南后，出于屯兵与巩固政权的需要，以汉族耕种平原地带肥沃良田为主。壮族是广西的土著民族，也是广西人口最多的少数民族，历史上曾经实行土司制度，他们也大多耕种山下肥沃的良田。而苗族、瑶族、侗族等其他少数民族受到压迫，只能迁至桂西北的山区。民间素有"汉族、壮族住平地，侗族住山脚，苗族住山腰，瑶族住山顶"的说法（图 3.2）。

下面分别介绍汉族、壮族、侗族、瑶族、苗族传统建筑的聚落成因和空间特色。

1. 汉族传统建筑

秦汉以后，因军事戍边、逃难、经商等原因汉族移民从湖南、广东通过潇贺古道、湘桂走廊和西江流域进入广西。在各个历史时期中，明清两代进入广西的汉族移民数量最多，据陈正祥《广西地理》记载，1946 年"汉族约占广西全区人口的百分之六十"。

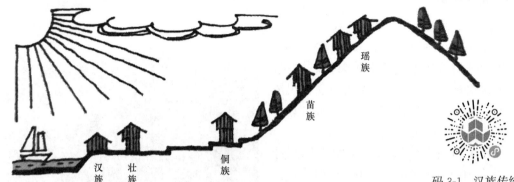

码 3-1 汉族传统
建筑的聚落成因
及空间特色

图 3.2 广西各民族村寨选址的社会因素

目前广西的汉族人口主要集中分布在广西东北部和东部、东南部的桂林、贺州、梧州、玉林、防城港、钦州等市，地理上连成一片；另外，柳州、南宁、河池、来宾等市，也是汉族集中居住地。这些地区气候暖热湿润、光照充足，加上地势平坦、土壤肥沃，自然条件优越，有利于发展农业生产。长期以来，广西北部和东部地区既是汉族集中居住的地区，也是广西人口最集中、经济最为发达的地区。汉族移民，特别是明清时期的广东商人，还沿着西江及红水河流域深入桂西地区，也使得流域周边的大小集镇成为汉族集中分布的区域。根据民系属性，广西汉族传统建筑可以分为湘赣、广府和客家三类（表 3.1）。汉人入桂，给广西带来先进的生产技术和迥异于百越土著的文化习俗，也将汉族的传统建筑文化传播开来。

广西汉族传统建筑特征一览表 表 3.1

建筑形式	分布	由来	特点
湘赣式	桂东北	由江西、湖南汉民迁来	受儒家文化影响明显
广府式	桂东、桂东南	汉族移民与古越族杂处同化而来	保留了较多的土著文化，开放、务实、包容
客家式	桂中、桂东南、桂南	中原汉族先民南迁形成	建筑重防御、文化重教育、重礼制

（1）湘赣式的聚落成因、空间特色

1）聚落成因

湘赣式传统聚落主要分布于桂东北地区。桂东北地区在历史上大多数时间与湖南南部同属一个政区，当地居民多为湖南移民的后代。湖南人口迁居桂东北地区持续了相当长的一个时期。早在明代以前，即有湖南人口零星移居全州等地，全州县内巨族梅谭蒋氏始祖自东汉以来即定居零陵；桂林地区灌阳县的唐姓三大支系皆来自湖南；广西名村月岭的唐姓村民则在宋代由永州迁来。这种移民虽人口不多，但多为官宦之家，有较高的文化素养，对当地的影响较大。明代湖南人入桂主要是卫所屯驻的形式。为加强中央统治，大批湖南籍士兵进入广西，散居于各卫所。自明中期开始至清代，桂北地区就开始成为湖南籍移民分布最为集中的地区。大量湖南人口的迁移，对桂东北地区的经济、文化和社会发展产生了极其深远的影响，同时也带来了中原的湘赣式建筑文化。

2）空间特色

桂北汉系村落的选址基本遵循"背山面水"的原则。村落在山水的环抱之下，形成一个良好的生活环境。所谓背山，也就是古代环境科学中的龙脉，为一村之依托。左右护山为"青龙"和"白虎"，称前方近处为"朱雀"，远处之山为朝、拱之山，中间平地为"明堂"，为一村根基所在。明堂前有蜿蜒之流水或池塘，这种由山势围合而成的空间利于"藏风纳气"，成为一个有山、有水、有田、有土、有良好自然景观的独立生活地理单元。

桂北民居由北方地区的合院式民居转化而来。北方的院落宽敞以利于纳阳驱寒，传至包括广西在内的南方，经过气候的修正，为了便于遮阳，合院缩小为天井，大小尺度不同的天井相互组合，有利于营造风压差，实现空气的对流。

桂北传统聚落中以"横巷"为重，民居大门虽然不一定位于中轴线上，但多数都开在檐墙面而不是山墙面。如桂林灌阳月岭村（图 3.3），月岭村位于桂林市灌阳县文市镇，三

图 3.3　桂林灌阳月岭村

面环山，背依灌江，据险可守。村口设一大门与村外主要道路相连，将村中建筑及一定面积的良田围护其中，保证村落安全及危急时刻的口粮所需。村落内的民居建筑排列井然有序，均为青色砖瓦。村口建有全村最显著的标志物——贞孝牌坊（图3.4）、文昌阁和凉亭。全村共由6个院堂组成，院堂之间通过青石板巷道连接（图3.5），宽度不大，交叉路口呈"Y"或"U"形，宁曲不直，便于抵御外敌。每个院堂各立门楼（图3.6），既相互独立又相互依存。院堂内均有主房，主房两侧配有厢房。院堂前建中门、天井、大堂，院堂后建小堂、天井、鱼塘、花园、菜园、炮楼、戏楼、书房、粮仓等，少则八九座，多则十几座，1个院堂居住人口规模在100人以上。

图3.4　月岭村贞孝牌坊　　　　图3.5　月岭村巷道　　　　图3.6　月岭村门楼

（2）广府式的聚落成因、空间特色

1）聚落成因

广府式传统聚落主要分布于桂南地区。从秦朝开始，历史上多次由北至南的移民给岭南地区带来大量中原文化与人口，特别是在宋朝以一姓一族为单位人群从岭外大量迁入，少数民族汉化或他迁，形成汉族移民地域集中分布格局。以地缘为基础的民系代替原先以血缘为基础的氏族，最终导致民系的形成，在珠江三角洲和西江地区地域上连成一片的即为广府系。广府系文化既有古南越遗传，更受中原汉文化哺育，又受西方文化及殖民地畸形经济因素影响，具有多元的层次和构成因素。从地缘上说，由于地处岭南，与中原相对隔绝，在交通落后的古代极大限制了与中原文化的交流，因此在广西汉族的三支民系当中，桂南地区汉族保留了最多的土著文化。同时，岭南地区特别是广东，南面大海，从汉代起就开始与海外有持续不断的交流，造就了桂南人民视野宽广，易于接受外来新事物，敢于拼搏，商品意识和价值观念较强的性格特征，也形成开放、务实、包容的广府文化。

广府文化的形成与同属岭南地区的广西密切相关，唐朝开通大庆岭道以前，中原移民进入岭南的主要通道是桂北连接长江水系和珠江水系的灵渠，桂南汉族的先民最早在广西定居，同时，大量的广西土著文化被融入广府文化之中。唐朝以后，中原进入岭南的通道东移，中原文化对岭南地区的影响主要体现在以珠江三角洲为中心的广东地区。真正意义上的桂南地区汉族进入广西是从明清时期开始，随着大量广府商人西进广西经商，广府文化在广西传播开来。

2）空间特色

桂南聚落大多整齐规划，巷道横平竖直犹如棋盘，体现强烈的规划思想。桂南聚落采取"梳式布局"模式，在民居朝向基本一致的前提下，以一条平行于民居面宽方向的横巷为主巷，通常主巷位于整个聚落的前方（有时扩大为晒谷坪），与主巷垂直的数条纵巷为支巷，连接各栋民居的主入口。横巷犹如梳把，纵巷犹如梳齿。当纵巷的长度过大，为了方便横向联系，会在纵巷的一定深度位置上增加几条横巷，但相比之下，纵巷的数量远多于横巷，聚落的交通主要依赖于纵巷。横巷前有与聚落总面宽一致的月塘，接纳并储存从各条纵巷排来的雨水。

另外，桂南聚落的民居模块性强，大多数民宅的朝向、平面格局、空间处理，甚至立面和细部设计都体现惊人的一致，单从建筑规模难以体现富户与贫户的财产差异。一般，紧邻横巷的第一排房屋多为祠堂，它们向横巷直接开大门；所有民宅只能由两厢朝向纵巷开门，形成典型的侧入式布局。

典型广府式传统聚落有灵山大芦村、玉林高山村、北流萝村、兴业庞村等，其中灵山大芦村（图 3.7），始建于明代，规模庞大，结构功能齐全，占地 3.5 万余平方米，以古建筑、古文化、古树名列广西古村镇之首。其极富岭南建筑特色，由 9 个建筑群落组成，通过一系列人造湖分隔开来，既相互独立，又紧密联系。这些古建筑群以山形地势为依靠，屋面及周围的池塘以荔枝树环绕，远眺依山傍水，翠绿相间，由高向下层次分明、古朴雄浑、气势磅礴。各院落不但有正屋、廊屋、祭祖厅、厢房、内宅，还有设计精妙的排水系统等。院落由数进构成，以廊分隔并列的主屋和辅屋组成一个整体，左尊右卑纵横交错，

(a) 村前水塘

(b) 街巷

(c) 民居

图 3.7　灵山大芦村传统建筑

俨然有序，空间上主次分明，内外有别，进出有序。此外，大芦村现保存有 315 副古楹联，楹联内容以修身、持家、创业、报国为特点。

（3）客家式的聚落成因、空间特色

1）聚落成因

广西客家聚落的形成，源于历史上客家人南迁入桂。从宋代开始，客家人从闽、粤、赣等地的客家聚居区迁入广西，但至南宋时期，迁入广西的客家人数量仍然不多。明清时期是客家人入桂的高潮，明代客家人主要来自于闽西汀州府一带，迁入桂东南地区。清代初期，迁出地主要为粤、闽，部分为赣、湘等地；清代中期，数以10 万计的客家人因战败逃到广西；清代末期，"改土归流"吸引了大批广东客家人迁入广西各地，初步形成"小集中，大分散"的分布格局。清代末期广东客家人已达九十多万，占当时广西总人口的 1/10。其中博白、贵县两县的客家人数量最多，超过了 10 万人。总体来说，到清代末期，广西客家族群"小集中、大分散"的分布格局最终形成（表 3.2）。

从分布地区来看，广西客家族群主要有桂东南、桂东和桂中三大聚居区，集中了广西80％以上的客家人。从分布面上看，从东部到西部，除了集聚区外，全区九十多个县市中，绝大部分都有客家人居住，包括桂西南、桂西北等民族地区，其中位于最西端的隆林、西林两县，客家人所占的比例也有 2％。"点、面"结合的分布形成了"东南稠密、西北稀疏"的居住格局。

广西客家聚落的形成一览表　　　　　　　　　　　表 3. 2

年代	宋代	明代	清代初期	清代中期	清代末期
迁出地	闽、粤、赣等地	闽西汀州府一带	闽、粤、赣、湘等地	嘉应州	广东一带
特点	零星分布，无相对集中的聚居区	人数明显比前代增多	入桂的第一次高峰	入桂的第二次高峰	入桂的第三次高峰，初步形成"小集中、大分散"局面

2）空间特色

大多数客家聚落的选址位于丘陵或山区的坡地上，选择在向阳避风、邻水近路的地方建造聚落。聚落的整体布局及构造与地势地形相呼应，多利用斜坡、台地等特殊地段构筑形式多样的建筑物。

客家聚落的民居作为汉族的一个民系，聚落空间具有围合性、向心性和中轴性的突出特点。广西客家建筑聚落从"一围一聚落"发展演变为"大姓氏家族围绕宗祠的团聚落"布局，空间层次分为一个中心和多个中心，呈围团式布局，一般按照姓氏宗族的不同，三五成群地置于坡地或山脚。如果一个区域里只有一个姓氏的客家人居住，则其聚落多为单中心聚落；如果一个区域里有多个姓氏的族人居住，则其聚落多为多中心聚落。每个群体都自成体系，互不干扰。与其他省份的客家聚落相比，防御性变弱，聚落空间更加生活化，更有情趣。如贺州莲塘江氏围屋（图 2.12、图 2.13），其位于广西贺州市八步区莲塘镇仁冲村，建于清乾隆末年。整个围屋占地三十多亩，分北、南两座，相距 300m。整体布局以正堂纵轴为基点，成轴对称，地势为后栋略高于前栋，寓意为"步步高升"。其中，北座四横六纵，有天井 18 处，厅堂 9 个，厢房 99 间；南座三横六纵，有天井 16 处，厅堂 8 个，厢房 94 间。四周有 3m 高的围墙与外界相隔，屋宇、厅堂、天井布局错落有致，上下相通。江氏围屋具有"一大、二多、三奇"的特点："一大"是房屋占地面积大；"二多"是指天井与房屋多，围屋随处可见天井；"三奇"是指围屋布局奇、造型奇、壁画奇。其素有"江南紫禁城"之美称。

2. 壮族传统建筑

广西的壮族主要聚居在南宁、柳州、崇左、来宾、百色、河池 6 个市，还有一部分散居于区内的 66 个县市，壮族分布地区约占广西总面积的 60%，各地区壮族人口比例自西向东逐渐减少。自古以来，壮族及其先民就在华南珠江流域生息繁衍，他们是广西乃至整个岭南地区最早的土著。

码 3-2　壮族传统建筑的聚落成因及空间特色

广西气候湿热，雨量充沛，山多地少，为适应这样的地理气候，壮族先民在早期就选择可以避水患、防虫害、通风透气、适应多变地形的干阑建筑作为主要的居住建筑类型，建筑材料以丰富的木、竹为主，砖、石、瓦为辅，建筑内部空间则围绕能取暖去湿、具有祖先崇拜功能的火塘展开。唐宋之后，不少汉族人基于各种原因从中原迁入广西，一些重要城市和交通要道的壮族开始被汉化，产生了平地式民居聚落。明清之后，由于改土归流以及当时的垦荒政策，大批汉族人涌入广西土地肥沃、交通便利的桂北、桂东、桂东南，呈片状分布，这些地区汉族人人口众多、文化层次高、经济发达，进一步推动了壮族平地式民居的发展。因此，壮族传统建筑类型主要分为山地式建筑和平地式建筑两种。

（1）山地民居聚落成因、空间特色

1）聚落成因

山地民居聚落主要分布在桂北龙胜、三江地区和桂西北的西林地区。以龙脊地区为例，这里平均海拔 700～800m，坡度大多在 26°～35° 之间，最大坡度达 50°，是典型的"九山半水半分田"的山区地貌。壮族原住民在这样的地形上营建聚落，自然选择了沿等高线分台发展的聚落模式以最大限度地顺应地形，同时选择底层架空，木柱落地支撑的干阑民居形式以最大限度地减少挖方。同时他们的生产场所——梯田也是平行等高线分台设置，并且把海拔较低较平缓的坡地留给了田地，住宅选择了海拔较高较陡的位置，这反映出原住民对田地的珍视。由于平整用地稀少，猪牛圈通常设置在干阑底层。

2）空间特色

壮族先民不像汉族拥有完善的礼制文化，加之相对匮乏的物质条件，聚落的选址和布局表现出原始的居住智慧以及对自然环境的适应与妥协。山地民居聚落呈现出如下特点：

① 依托地形，布局自由紧凑

壮族山地民居所在的地方，多是海拔较高的土山地区，大山连绵，山势巍峨，山上林木葱郁，山下沟壑交织，平地较少。因此交通十分不便，人们出门便爬山，生产和生活较为艰苦。此类村落多分布在坡度 26°～35° 的陡坡之上，建筑分布密集，村内主干道顺延等高线发展，小巷道以片石或卵石砌筑，依着房屋之间的空隙自然形成，主要纵向人行道平行于等高线，曲折蜿蜒。村内民居空间利用合理，屋前屋后用地狭窄，皆邻陡坎，陡坎高度一般为 1.5～2m，都设有片石挡土墙以构筑不同高程的台地。有时，台地面积过小，高差显著，则前半部分做成吊脚楼，建筑后半部分直接落于台地，形成半干阑的特殊形式。

② 无明确公共中心

由于民族和历史的原因，壮族山地聚落大多没有明确的公共中心。村寨也有凉亭、庙宇等公共建筑，但居住建筑也不以其为中心布局，多顺应地形自由布局，呈现无中心的散点式状态。

③ 格局开放，防御性不强

作为人口众多的本土民族，壮族聚落的边界并不明确，格局较为开放，整体防御性不强，而是根据用地与自然资源容量延伸、扩展。

典型的聚落如龙脊古壮寨（图 3.8），龙脊古壮寨指的是龙胜龙脊村的廖家寨、侯家寨、潘家寨、平段和平寨 5 个壮族村寨，全村 226 户共 885 人。其位于广西桂林市龙胜县和平乡东部，距桂林约 80km。

图 3.8　龙脊古壮寨

龙脊古壮寨所处的地形可概括为"两山夹一水"："一水"指的是从东北向西南穿过的金江河，"两山"指的是金江河南岸的金竹山和西北岸的龙脊山，龙脊村就位于龙脊山的山腰。这里海拔较高，气候夏热冬冷，潮湿多雨，林木繁茂，以种植单季稻的梯田农业为主要经济模式。由于高山阻隔、山路崎岖，与外界交流十分有限。寨内龙脊梯田享誉世界，而寨子也是桂北高山"白衣壮"传统聚落的典型代表。

聚落整体位于一条山脊之上，坐西北而靠山坡，面东南而远眺金江河，以廖家寨、侯家寨为中心最为密集，顺山脊向上、向下逐渐稀疏。民居以村寨西侧的溪流（主要水源）为界，东边民居密集，西边主要是人工梯田。这种布局利于生活与生产取水。建筑主要朝向以东南为主，但顺应各自地形等高线有细微差别。村落没有明显的中心性，溪流两侧的空地、村口以及村中的闲置空地（例如村委会前的广场）成为村民户外活动的主要场所。廖家与侯家几乎无界线，潘家在最下端，相聚较远。各寨寨口均在溪流附近，凉亭、风雨桥等公共设施也在溪流附近，方便去梯田劳作的村民歇脚、纳凉。溪流在此成为一个自然的边界，东侧建筑密集，西侧建筑稀少，土地庙也设在溪流西侧远离村寨的地方。村寨最上方的山头是村寨的风水林，郁郁葱葱，既能保护水源，又能作为木材基地。村中主要的纵向道路位于村落西侧，从上到下联系各水平向横路，横路平行等高线延伸，每隔 4～5 排民房有一横向道路，在村落东侧还有一条曲折的纵向道路联系各横路。

（2）平地民居聚落成因、空间特色

1）聚落成因

汉族移民的涌入导致大量的壮族与汉族融合，由于这部分人在广西迁徙的时间较早，且被纳入封建王朝的直接统治之下，因此占据了桂东、桂南等地势较为平坦开阔的地带，形成壮族平地民居聚落。

汉族移民对广西的政治、经济、文化、工商业、手工业、农业等各方面带来了很大的影响。汉族移民促进了广西少数民族从原来的封建领主制向封建地主制转化；汉族移民的开垦，扩大了广西的耕地面积，为广西带来了内地先进的农业生产技术，使原来十分荒芜的土地建起了许多新兴的城镇村落，为今日广西的城镇聚落奠定了基础；汉族移民进入广西，还促进了工商业和文化事业的发展。店铺的开设，物资的丰富，使广西早期商品经济得到发展，商品经济的意识也在广西民众中得到传播；汉族移民中的手工业者把先进的手工技术传播到广西各地，比如烧砖、制瓦以及更为先讲的木材卯榫技术，这些技术在促进广西壮族建构技术发展方面起到了积极作用。

汉文化的传播，是广西壮族传统文化发展脉络上最具影响力的文化现象。移民广西的汉族注重家族观念和宗法礼制，这种文化性格在汉族人口较多，汉文化强势的区域表现明显，处于这些区域的壮族也受到不同程度的影响。桂南地区，壮族聚落和民居完全遵照广府建筑形制；桂东北区，则多见湘赣风格的壮族民居；桂北阳朔地区的朗梓村、龙潭村，在外观上体现出湘赣建筑的特色；桂中来宾市武宣地区，当地壮族聚落区域内受客家文化的影响，完全采用了客家民居的形制。可见，汉族的不同民系在广西对各自地域内的壮族聚落及民居影响深刻。

2）空间特色

汉文化传入较早的桂东北河谷地区的壮寨，由于汉文化处于强势地位，当地壮族村寨与汉族村寨无异。聚落布局受宗法、儒教礼制和古代环境科学影响，有较明显的总体规划痕迹，呈现规整的向心性组团空间形态。依山面水、藏风纳气等理念成为左右聚落格局的关键。

壮族平地聚落的巷道较为宽阔，形态也较为规整，形成较为规则的道路网格；通常在村口、河边、大树下有一定的公共活动场地，规模一般较大。来宾武宣东乡客家聚居地区的壮族则选择客家堂横屋作为其民居形式，禾坪、月池等客家建筑元素一应俱全（图 3.9）。

图 3.10 为阳朔县朗梓村，朗梓村位于阳朔县高田镇，是一大型古民居群。朗梓村保持着明清风格，村子里集中了阳朔最古老的古民居。古宅共有六十多间房屋，青砖灰瓦，风火墙高大。整个民居建筑结构严谨，布局精巧，处处雕梁画栋。民居房间中各个厅堂连

图 3.9　来宾市武宣县东乡镇梁氏武魁堂

图 3.10　阳朔县朗梓村

柱石造型各异。在民居群中，碉楼为县里唯一的古代军事建筑，站在上面可以俯瞰全村。朗梓村位于河谷地带，汉化特征十分明显，完全采用汉族广府民居的梳式布局。

3. 侗族传统建筑

　　侗族起源于秦汉时期的"骆越"，自魏晋时期起，"骆越"逐步统称为"僚"，侗族便是其中的一个部分，直至中华人民共和国成立才改称为侗族。由于历史因素，侗族现在主要分布在湘黔贵三省的交界区域。而广西的侗族人口主要分布在桂北的三江侗族自治县、融水苗族自治县和龙胜各族自治县，其中以三江侗族自治县的侗族人口最为集中，还有少量侗族分散在龙胜、融安、罗城等地，与汉族、壮族、苗族、瑶族、仫佬族、水族等其他民族杂居，总体呈现出大聚居、小分散的格局。

侗族村寨多依山傍水而建，群山连绵、溪流纵横、平坝棋布、风景优美、和谐自然。同时，侗族地区土地肥沃、雨热充足、气候适宜，十分有利于农作物的种植和生长。侗族民居多采用木质结构，外廊式民居，通常楼上住人，底层圈养牲畜。木楼层层叠叠，紧紧相连，十分壮观。侗寨中最具特色的建筑为鼓楼和风雨桥，鼓楼多建在村寨中央，是寨民聚集议事及休闲娱乐的场所；风雨桥建在溪流之上，用来联系两岸交通。寨门独立设置，或与风雨桥结合；井亭、戏台较为普遍。这既适应侗族的民族生活习惯，也反映了其能歌善舞、以"侗族大歌"著称的民族文化传统。

侗族聚落成因及空间特色如下：

（1）聚落成因

从历史发展的角度来看，侗族曾主要分布在岭南两广一带，原本为古代百越民族骆越的一支。早在战国时期，侗族已经发展成形；战国后，由于长江流域的越人和黄河流域的汉族在地域上相邻，交往较为频繁。后来受到多种因素的影响，中原人被迫南迁至长江流域，和越人进行杂居，而部分越人也北入中原，越汉之间不断进行交融和同化，逐步形成"骆越文化"，侗族正是其中主要组成部分。到了秦汉时期，由于连年战乱和饥荒等因素，侗族陆续迁徙到现在的湖南、广西、贵州三省交界地区和湖北西南一带，与当地的"土著"居民混居在一起；唐宋时期，慢慢完成分化，独立成单一民族，并由混居逐步转为族居。到了清初，由于"改土归流"政策的实施，侗族受到清朝政府的直接统治，土地逐步集中。中华人民共和国成立以后，侗族先后完成了土地改革和社会主义改造，开始实施民族区域自治政策。特殊的历史发展过程，使侗族的"民族性"与"地域性"相互交织、共同作用，从而形成独特的侗族文化和聚落形态。

从自然环境的角度来看，侗族的原始部落既与"溪峒"有关，又和"山溪"相关。"山溪"即山川、山河。"山溪"的中间通常有平坝，在坝子之间隔着很多道山梁，"溪峒"就是这之间形成的小的自然区域。"溪峒"一般较小，分布较为分散，每个"溪峒"方圆仅有数里或数十里。以坝子为中心形成的聚落之间受到地理环境的限制，不方便相互交往，每个"溪峒"便成为一个自给自足的群落。因此，自然环境的影响是侗族聚落形态形成的重要因素之一。

从社会组织形式的角度来看，侗寨是侗族进行社会生产以及对外交流的基层组织，很多侗寨都是由单一姓氏的侗民聚居而成，外姓人必须"改姓"才能"入寨"，真正成为该侗寨的一员。正如侗歌中所唱的"按格分开住，按族分开坐"，即使一个侗寨由不同的姓氏组合而成，每个姓氏也有单独的居住范围和指代该族的称号、组织规定。并且，每个族姓或村寨都有固定的议事集会场所——鼓楼。侗族以族姓为中心的社会组织形式，直接造成侗族"聚族而居"的聚落特征以及聚落形态的密集、紧凑。

（2）空间特色

侗族在进行村寨选址时，通常会综合考虑当地的自然条件、聚落的生产生活方式、世代传承的文化信仰等因素。

侗族村寨大多选址于河谷盆地、低山坝子、缓坡台地或水源较为充足的半山隘口地带，聚落环境强调依山傍水，山脉遇水而止。

另外，侗寨空间层次的主要构成要素是高耸的鼓楼与鳞次栉比的民居建筑群。鼓楼位于村寨中心，以其挺拔的身姿和多姿多彩的建筑造型，在高度与建筑艺术形象上对聚落空间起着统率作用，围绕鼓楼而建的民居群，既衬托出鼓楼的雄伟壮观，又营造出丰富的空间层次。

典型的侗寨如三江程阳八寨（图 3.11）、三江高定寨（图 3.12）、三江高友寨（图 3.13）等。

图 3.11　三江程阳八寨

图 3.12　三江高定寨

图 3.13　三江高友寨

4. 瑶族传统建筑

形制完善的干阑式木楼是瑶族的主要居住形式，瑶寨的组团和单体建筑在外观上均与壮族、侗族、苗族等少数民族村寨较为类似。广西瑶族分为山地瑶族和平地瑶族。

（1）山地瑶族的聚落成因、空间特色

1）聚落成因

广西山地瑶族主要分布在金秀、巴马、都安、大化、富川、恭城 6 个瑶族自治县，桂北龙胜、灵川等山区也有分布，多为茶山瑶、盘瑶以及布努瑶。这类村寨坐落在崇山峻岭的山崖、山跃顶或者陡坡上。盘瑶居住较分散，多分布在山脊陡坡上，也有小部分居住在山冲和山腰上，他们为了向"山主"批租山地，均散居在茶山瑶等村落周围。

山地瑶族聚落为了防止异族入侵、便于狩猎和采集山货等，常常选择在山峦之巅建设村寨，背靠大山、依山就势、就地取材，建筑多采用干阑式，形成自然与人工建筑完美融合的风貌。

2）空间特色

山地瑶族聚落的空间特征是大分散、小聚居，一般背靠大山建设村寨，整体上呈散点分布、带形发展或树枝状聚团发展。

聚落根据山地地形，尽可能地依山傍水，不仅利于防御外敌，还能获取生活所需的水源和开敞的视野。大部分村落沿着蜿蜒曲折的山体走势呈现出自然生长的态势，顺应等高线层次错落、层叠而上，没有明显的轴线，既尊重自然肌理又与环境相结合，形成随山地变化自由布局的聚落空间。村落道路布局犹如树干一般，主路上分出次路，进而衍生出巷道。山地瑶族聚落规模较小，分布较分散，多则几十户，少则三五户。由于背靠大山建设村寨，因此村寨之间的距离有远有近，近的二三里路，远的可以达到几十里路。

典型的聚落如桂林灵川老寨村（图3.14）、桂林龙胜红瑶大寨（图2.22）、来宾金秀屯（图3.15）、河池南丹怀里村（图3.16）等。

图3.14　桂林灵川老寨村

图3.15　来宾金秀屯红瑶民居　　　　　　图3.16　河池南丹怀里村古仓

（2）平地瑶族的聚落成因、空间特色

1）聚落成因

作为中原汉族移民聚居地的平地瑶族，主要分布于广西的富川、恭城、平乐、钟山、灌阳、全州等地。平地瑶族属于盘瑶的一个支系，主要是在瑶族人民不断向平原地带迁移过程中形成的。历史上，大部分瑶族先民选择定居在高山之上，由于阶级矛盾和民族矛盾尖锐、激烈，地方上的起义不断，瑶族人民生活更加艰难困苦，部分瑶民为了生存被迫受招抚，接受封建王朝编籍入户册管理而变成平地瑶族。后来这部分平地瑶与周边汉、壮等民族融合，逐步发展出平地（院落式）民居聚落——平地瑶族聚落，有些则是山地瑶族转移到平地居住而形成的。瑶族顺应地势、寻求自然的居住理念被一直传承下来，聚落没有明显的轴线和严格的尊卑等级秩序。

2）空间特色

平地瑶族聚落多为单一的民族居住，且各支系聚族而居，原始村寨的规模较小，空间布局一般较集中。随着村寨规模逐渐扩大，形成以单个或者多个家族的聚居模式，通常是数十户有血缘关系的家庭组成一个村寨。村与村之间的距离较远，一般距离为三五十里。

聚落多以戏台为中心，逐层向外分布，形成集中成片的聚落模式；也有一些受宗教影响的村寨，以宗族祠堂为中心进行布局；除此之外，有些居民为了便于取水，顺着河流建造房子，逐步发展成顺应地势、与江面平行的带状村庄。

总体上看，村庄四周群山环绕，背山面水，顺应了中国传统建筑文化中追求"天人合一"，强调因地制宜、灵活多变的布局模式。

典型的村庄有富川秀水村、富川福溪村、恭城郎山村等。图 3.17 为富川秀水村，秀水村位于富川朝东镇秀峰山下，是宋朝状元毛自知故里，故又称为"秀水状元村"。毛自知的祖先毛衷，是唐开元年间的进士，广西贺州刺史。毛自知途经富川，被其山水秀丽、风光宜人的自然景观所吸引，便留第三子毛傅于此定居繁衍生息。秀水村背靠青龙山，山脊呈西北、东南走向；西南面有秀峰山、灵山和东头山。秀水河流经秀峰山与灵山之间穿过村庄，形成山水环抱的格局，自然生态环境极佳。

整个村庄布局以秀峰为中心展开，枕山面水、溪水环村、村内巷道纵横交错。从整体上看，村庄布局十分紧凑，体现出瑶族民居内部的凝聚力；同时村路布局不完全围和，对外呈现出开放的空间布局形态，体现出对外的包容性。秀水古村落格局是中原文化与岭南文化有机融合的产物，带有浓厚的儒家文化色彩，被誉为"历代民居建筑的天然博物馆"。

图 3.17　富川秀水村

5. 苗族传统建筑

广西的苗族有 43 万人，主要分布在融水、隆林、三江、龙胜 4 个自治县，其余则散居于资源、西林、融安、都安、环江、田林、那坡等县（自治县）。广西的苗族多聚居于深山大岭之中，如百色隆林县德峨乡张家寨。在融水苗族自治县，苗族村寨多建在山脚或平地近水处。如柳州三江县，这里的苗族与壮、侗民族杂居，山区盛产木材，因此很多房屋都是木质结构。

（1）聚落成因

在森林密布的相对低海拔地区，苗寨选址往往在地势较高、向阳的山面上，这样对于风能、光能、气流的利用，显然比在山谷深处狭窄、潮湿之地要优越得多。虽然与传统人居环境科学理论所强调的"藏风闭气"不太相符，但更有利于生产生活。同样的道理，在土地贫瘠的喀斯特高海拔山区，如麻山、乌蒙山腹地，苗寨在山谷深处选址，在抗旱、防寒、利用雨水和土壤等方面，更具有主动适应环境的积极性和可行性。

苗族人民在聚落选址之时，基于自身安全的考虑，首先选择地形上易守难攻的区域。其一般位于深山险境之中，背山面水，视线开阔，不刻意追求方正。同时，苗族人民强调人类是天地万物中的一部分，人与自然是息息相通的，人与自然要和谐共处。苗族人民在修建建筑时，会顺应环境，形成聚落整体与自然环境相融合的景观（图3.18）。

图3.18 融水小桑村苗寨

（2）空间特色

苗寨的显著特点是"聚族而居，自成一体"，寨子不论大小，不但很少和异族杂居，而且一个寨子中几乎均为同姓宗族。寨落之间相互独立，仅在必要时才联合起来一致抵御外敌。苗寨布局一般遵循"环山抱水、取势纳气"的理念。蜿蜒起伏山脉，可被选作"龙脉"，是聚落的最佳庇护地和福祉；"龙脉"有相应的护山在旁边衬托。村寨之中有溪水河流，汇集在一处为水口，水口收则财源守。在条件允许的情况下，苗寨往往在河流溪水之上建设风雨桥，以求为村寨积蓄财源。村寨中，房屋、道路、地物相互结合自然，安排有致。一排排的"半边楼"民居，形式相似，色调统一；同时借势取向，建筑或抬，或挑，或借，或转，或附，呈现出非中规中矩的自由形态，充分演绎了苗族村寨的完整性与自由性。

3.2 广西民族建筑的建筑材料

广西传统建筑与生态自然紧密联系在一起，取材于天然竹木、岩石、泥土而建造的生态家园，构成广西地域性乡土建筑的主要特征。

1. 竹、木

广西山多林密，盛产竹、木，气温高，湿热，雨量充沛，毒蛇猛兽经常出没，广西少数民族在生活实践中创造了用竹木架立梁柱而成的干阑建筑。桂北山区竹子资源丰富，因此，早期建房可以就地取材，建筑竹楼。

码3-3 广西民族建筑的建筑材料

竹楼的柱子、屋架、楼板、楼梯、墙壁等都是用竹子做成的，屋顶也用竹子做成的檩条支撑，上铺草排。

由于竹子的防火、防腐、防蛀等性能较差，结构上也不够结实耐久，因此，后来竹楼的各种构件，包括柱、梁、屋架、楼梯、楼板、墙壁等主要承重构件和围合构件都逐渐被木料所代替。在木材资源丰富的桂北、桂西、桂中等地区，木材成为主要的建筑材料，木楼也就随处可见。木结构的耐久性首先取决于木材本身，但传统民族建房经验也十分重要。第一，当地居民在建房时讲究用材树种的选择，通常选用耐腐、防蛀、树干直、易加工、变形小的树木作建筑材料，如杉木；第二，木材使用前放入水塘浸泡数月，进行微生物处理改性，然后取出洗净晒干使用，对于防止蛀虫也非常有效；第三，在楼下架空层饲养家禽，特别是鸡鸭喜食白蚁虫卵，利用生物手段灭虫，也可减少虫害；第四，火塘长期烟熏，产生的烟雾化学作用，对防蛀、防腐有明显功效。

2. 土、石

广西地处亚热带，降雨量大，空气湿度大，对建筑的防雨、防腐蚀提出了很高的要求。因此，部分干阑建筑采用石、木结构。石材具有密度大、吸水率低、硬度强度高、耐腐蚀等特点，因此在干阑建筑的基础中扮演着重要的角色。如广西黑衣壮、仫佬族、毛南族居住区域属于石山区，石材资源丰富，结合干阑建筑特点，墙基柱角及建筑周边的排水沟渠等部位容易受雨水溅湿和腐蚀，因此石材在该类部位具有广泛的应用。由于部分石材的颜色属于黑色系，因此采用石材作为建筑基础不但丰富了建筑形式，还增加了建筑特色，更主要的是使建筑本身与黑衣壮文化融合在一起，秉承黑衣壮的以黑为美的民风民俗，使黑衣壮传统古村落充满独特风情。

由于泥土极易获得且具有保温、隔热、黏性等特点，因此作为建筑材料在广西地区使用也有很长的历史。壮族等少数民族主要使用泥土来烧制瓦片和建造泥墙。典型的如南宁市上林鼓鸣壮寨、恭城栗木镇石头村、罗城大勒峒古民居等（图 3.19）。

3. 砖、瓦

受中原及岭南文化影响，广西汉族传统建筑材料为青砖灰瓦，给人以亲切而质朴的感觉。

而砖不仅作为建筑材料存在，还是一种很好的装饰材料，如在园林中，青砖创造出淡雅的文化气息，另外，还有砖雕，它作为一种独特艺术形式出现在建筑中，反映独特的地域文化，蕴含着独特的审美观念和民俗文化。

(a) 上林鼓鸣壮寨　　　　　　　　　　　(b) 恭城栗木镇石头村

图 3.19　广西少数民族土、石结合的特色建筑（一）

(c) 罗城大勒峒古民居

图3.19 广西少数民族土、石结合的特色建筑（二）

思考题

一、选择题

1. （多选题）广西汉族传统建筑可以分为（ ）三类。

A. 湘赣式 　　　B. 广府式 　　　C. 平地式 　　　D. 客家式 　　　E. 山地式

2. （多选题）以下描述正确的是（ ）。

A. 湘赣式桂北民居由北方地区的合院式民居转化而来，为了便于遮阳，合院缩小为天井

B. 广府式桂南聚落采取"梳式布局"模式，体现强烈的规划思想

C. 客家聚落的民居作为汉族的一个民系，聚落空间具有围合性、向心性和中轴性的突出特点

D. 湘赣式传统聚落主要分布于桂南地区

E. 从分布地区来看，广西客家族群主要有桂东南、桂东和桂中三大聚居区，集中了广西80％以上的客家人

3. （单选题）以下描述壮族山地民居特色不正确的是（ ）。

A. 依托地形，布局自由紧凑

B. 无明确公共中心

C. 格局开放，防御性不强

D. 一般背靠大山建设村寨，整体上呈散点分布、带形发展或树枝状聚团发展

4. （单选题）（ ）的井亭、戏台较为普遍，既适应民族生活习惯，也反映了其能歌善舞的民族文化传统。

A. 汉族 　　　B. 壮族 　　　C. 侗族 　　　D. 瑶族

5.（多选题）壮族传统建筑类型分为（　　　）。

A. 山地式建筑　　　　　　　B. 平地式建筑　　　　　　　C. 广府式建筑

D. 湘赣式建筑　　　　　　　E. 客家式建筑

6.（多选题）以下描述正确的是（　　　）。

A. 广西山多林密，盛产竹木，气温高，湿热，雨量充沛，毒蛇猛兽经常出没，广西少数民族在生活实践中创造了用竹木架立梁柱而成的干阑建筑

B. 广西居民在建房时讲究用材树种的选择，通常选用耐腐、防蛀、树干直、易加工、变形小的树木作建筑材料，如杉木

C. 广西黑衣壮、仫佬族、毛南族居住区域属于石山区，石材资源丰富，因此石材在该类地区具有广泛的应用

D. 泥土由于极易获得且具有保温、隔热、黏性等特点，因此作为建筑材料在广西地区使用也有很长的历史

E. 壮族等少数民族主要使用泥土来烧制瓦片和建造泥墙

7.（多选题）湘赣式传统聚落主要分布于桂东北地区，当地居民多为（　　　）移民。

A. 湖南　　　B. 江西　　　C. 福建　　　D. 岭南　　　E. 广东

8.（单选题）广西乃至整个岭南地区最早的土著是（　　　）。

A. 壮族　　　B. 瑶族　　　C. 侗族　　　D. 苗族

二、判断题

1. 广西气候湿热，雨量充沛，山多地少，为适应这样的地理气候，壮族先民在早期就选择可以避水患、防虫害、通风透气、适应多变地形的干阑建筑作为自己主要的居住建筑类型。　　　　　　　　　　　　　　　　　　　　　　　　　　（　　　）

2. 侗族村寨大多选址于河谷盆地、低山坝子、缓坡台地或水源较为充足的半山隘口地带，聚落环境强调依山傍水，山脉遇水而止。　　　（　　　）

三、问答题

1. 简述湘赣式建筑的聚落成因、空间特色。

2. 简述广西民族建筑常用的建筑材料。

码 3-4　第 3 讲
思考题参考答案

思政拓展

码 3-5　壮族三月三：广西文化丝路行（1）

码 3-6　壮族三月三：广西文化丝路行（2）

Chapter 04

第**4**讲

广西民族建筑的传统
民居与公共建筑

 学习目标

知识目标：

1. 熟悉湘赣式、广府式、客家式建筑中传统民居的平面和建造技术，熟悉汉族传统公共建筑的特点；

2. 熟悉山地型、平地型壮族传统建筑中民居的平面和建造技术，熟悉壮族传统公共建筑的特点；

3. 熟悉侗族传统建筑中民居的平面和建造技术，熟悉壮族传统公共建筑的特点；

4. 熟悉瑶族、苗族传统建筑中民居的平面和建造技术，熟悉瑶族、苗族传统公共建筑的特点；

5. 初步了解侗族鼓楼、风雨桥的手工艺建造技术。

能力目标：

1. 能分析广西汉族、壮族、侗族、瑶族、苗族传统建筑中民居、公共建筑的特点；

2. 能阐述广西汉族、壮族、侗族、瑶族、苗族传统建筑独具特色的建筑文化、建造技术；

3. 能简单制作侗族鼓楼、风雨桥手工模型。

思维导图

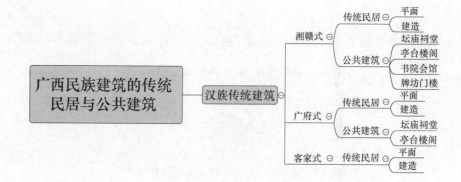

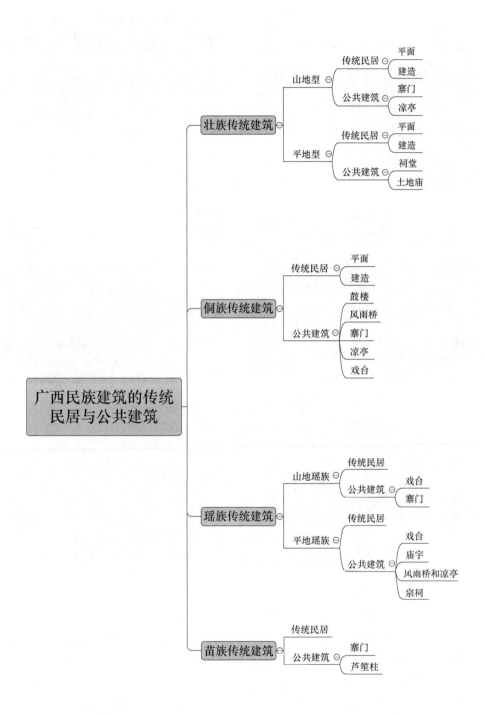

请观察图 4.1，分组讨论每张图片属于哪个地区的民居？哪些是广西的民居？

图 4.1　各地民居

自古以来，汉族、壮族、侗族、瑶族、苗族等 12 个世居民族在广西和睦相处，共同创造了独具特色的地域建筑文化。这些民族建筑中的民居和公共建筑具有各民族的建筑语言、建造技术，共同彰显了广西传统建筑的民族和地域特征，下面对汉族、壮族、侗族、瑶族、苗族传统建筑进行介绍。

4.1　汉族传统建筑

汉族传统建筑包括湘赣式、广府式、客家式三类。

1. 湘赣式

（1）传统民居

1）平面

湘赣式传统建筑的共同特点是：结构方面，榫卯结构以木梁承重，以砖、石、土砌护墙；空间方面，以堂屋为中心；装饰方面，以雕梁画栋和装饰屋顶、檐口见长；住宅根据天井组合方式分为一进一天井型（图 4.2）和一进双（三）天井型（图 4.3）。

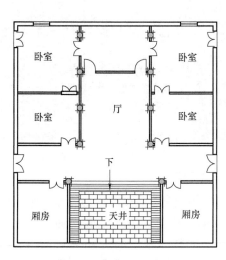

图 4.2　一进一天井型住宅

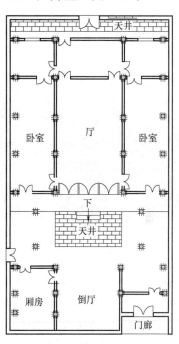

图 4.3　一进双天井型住宅

天井不但使房屋的空间系统有采光、通风和排水功能，也为人们提供了一个纳凉、休闲、交流的空间。民居院内天井多由青石板铺设，它满足了行商"四水归堂、财源滚滚"的聚财心理。天井将四周屋面的雨水汇聚起来，流入旁边的石砌水沟。天井水不可直接往外流，因为"水生财"，财水是不能往外流的，要迂回流转。该建筑对于排水路径也很讲究，宜暗藏不宜显露。

2）建造

桂北湘赣式民居一般采用穿斗式木构架与砖墙体承重相结合的结构。桂北民居的砖石马头墙、屋顶与天井为其特色所在。明清以来，墙的防盗防火作用越来越重要，故马头墙越来越高。桂北地属多雨地区，为了防潮排雨，屋面通常出檐深远。屋顶高度一般可达立面高度的一半。因出檐结构一般都是由联系金柱和檐柱的穿枋出挑，而金柱和檐柱之间往往是厅堂前廊，故在檐口上多做装饰，通过细部装饰柔化强硬的立面轮廓。天井周围房间多以漏明门窗对空间进行划分和组合，在满足采光、通风的同时，也创造出通透疏朗、层次错叠的空间效果。

建筑屋架及内部主要围护结构通常采用木材作为主要材料。外墙用青砖或土坯砖砌筑。台基部分多由青石或卵石和黄泥砂浆砌筑。屋顶则覆以小青瓦，体现了因地制宜、就地取材的特色。

（2）公共建筑

1）坛庙祠堂

湘赣式村落的坛庙祠堂一般为聚落的心理场所中心。其物理位置有居于村前、村中和村后山等。

灵川江头村周氏的宗祠——爱莲家祠（图4.4），是非常典型的湘赣式宗祠。该祠始建于清光绪八年（1882年），以爱莲为名而建，其目的是用先祖周敦颐名文《爱莲说》之意，宗祠的柱、梁、枋均着黑色，象征淤泥；四壁、楼面、窗杖着以红色，象征莲花。

(a) 入口   (b) 内部

图4.4　灵川江头村爱莲家祠

恭城文庙（图4.5）始建于1477年，整座庙宇气势恢宏，是迄今广西规模最大、保存最完整的宫殿式明代建筑，是全国四大孔庙之一。全庙占地3600m²，建筑面积1300m²。文庙的主体建筑是大成殿，面阔5间，进深3间，有砖柱10根，木柱18根，大门14扇，门窗、檐口均饰以木雕。屋面飞檐高翘，重檐歇山，脊施花饰，泥塑彩画，琉璃瓦盖，金碧辉煌。大成殿正中的神龛是供奉孔子灵牌的地方。

图4.5　恭城文庙   图4.6　恭城武庙

恭城武庙（图4.6）坐落在文庙的左侧。恭城武庙又称关帝庙，是祭祀三国名将关羽的庙宇。整个庙宇建筑面积1033m²。内设有戏台、雨亭、前殿、正殿和后殿，两侧还有东西厢房。恭城武庙为硬山式建筑，砖木结构，整个建筑造型宏伟别致。

2）亭台楼阁

阳朔东山亭（图4.7）位于阳朔县福利镇夏村村委人仔山村，东郎山麓古道上，此地历史上曾是桂林至梧州的交通要道，中华民国 15 年（1926 年）由阳朔东区绅商捐资而建，沿用至今。现亭子西侧紧邻阳朔至兴坪的三级公路，亭周围大部分为平坦的旱地和水田。

东山亭为两面坡硬山式凉亭，长 11.2m，宽 7.6m，高 7m。凉亭下层为料石结构，上层为青砖结构。亭内为三合土地面，南北为马头墙式山墙，中设宽敞的拱形门洞，两侧门洞上各嵌"东山亭"石刻一块，两门正面各嵌对联。东山亭为阳朔县现存最大的通衢凉亭。

平乐魁星楼（图 4.8）位于平乐县青龙乡平西村，始建于清乾隆二十二年（1757 年），清道光十六年（1836 年）重修，清同治四年（1865 年）再修。魁星楼为方形二层楼台，重檐歇山顶，砖木结构，通高 15.3m。下层为戏台，楼高 6m，楼阁为木结构，由 10 根杉木大柱支撑，其中 4 根为冲天柱，直升楼的顶端。楼背面有一面砖墙，墙壁上绘有八卦图。戏台台基高 1.7m，用青砖砌成，四角固以方形青石。上层楼高 4.6m，中有神台，内祀魁星神像。四角八个翘檐上各塑有一尊神像，合为"八仙"。檐脊上塑有飞龙，楼顶正中有一小塔，两侧塑有鳄鱼、仙鹤。

图 4.7　阳朔东山亭

图 4.8　平乐魁星楼

3）书院会馆

恭城湖南会馆（图 4.9）位于恭城县县城太和街，建于 1872 年，占地面积 1847m²，建筑面积 1420m²，由门楼、戏台、正殿、回廊、后殿及两边厢房组成。因其结构独特，造型奇巧，雕饰丰富繁杂，故有"湖南会馆一枝花"的美称。门楼和戏台连成一体，是会馆的重要组成部分，结构、布局颇具特色，平面呈"凸"字形。邻街一面为门楼，穿斗式砖木结构，高三层，面阔三间，进深三间。明间为重檐歇山，两次间为硬山形制，盖琉璃瓦，盔顶式封火山墙。明间顶层为阁楼。屋脊正中装有葫芦宝顶和鳌鱼吻兽，四角泥塑卷草脊饰。前开三道大门，绘有重彩门神。戏台台基为青石砌筑，高 1.5m。四根柱子直通顶端。戏台正中置斗八藻井，井中圆顶置金龙浮雕。正殿为硬山顶，盖小青瓦，穿斗式和抬梁式混合砖木结构，马头墙式防火山墙。

4）牌坊门楼

大部分广西汉族聚落都有入口的门楼，起到防御和标志族群的作用。牌坊也多位于村口，和门楼一起形成聚落空间节点。

(a) 俯瞰图

(b) 戏台

图 4.9　恭城湖南会馆

　　根据牌坊的建造意图可归纳为下面几类：恩赐忠烈的功德坊、表彰节妇、孝子的节孝坊、表彰先贤的功名科第坊以及为百岁人瑞赐建的百岁坊等。牌坊的普遍意义在于它的族表功能，还有其入口标志的作用。

　　灌阳月岭村的节孝坊（图 4.10），与步月亭、文昌阁一起构成入村的第一道空间序列。节孝坊为村仕宦的唐景涛奉旨为养母史氏所立，清道光帝为这牌坊亲书"孝义可风，艰贞足式"八字，取其前四个字命名为"孝义可风"牌坊。牌坊高 10.2m，长 13.6m，跨度 11m，为四柱三间四楼式仿木结构。该坊造型庄重，设计精美，榫卯相接，错落参差，浑然一体。

　　钟山玉坡村恩荣石牌坊（图 4.11）建于清乾隆十七年（1752 年），是该村廖世德应考中举之后，荣任河南省光山县知事时，以纪念先祖廖肃在明万历丁酉年考取进士仕宦而建，同时也纪念自己考中举人，以此光耀门庭，激励后人努力读书。

图 4.10　灌阳月岭村的节孝坊

图 4.11　钟山玉坡村恩荣石牌坊

　　门楼则是村寨真正的门户所在，具有防御和体现村寨形象的双重作用，也是体现村民归属感的关口。村民们的婚丧嫁娶等重大事件，游村之时都必须通过门楼才算真正完成。规模较大的村落，一般都会在东南西北各面设置门楼，通常以南面或东面的门楼为主，图 4.12 是桂林大河乡白石潭村的两处门楼，图 4.13 是钟山玉坡村门楼。

图 4.12　桂林大河乡白石潭村的两处门楼　　　　　　图 4.13　钟山玉坡村门楼

2. 广府式

（1）传统民居

1）平面

　　桂东南地区气候炎热，风雨常至，民居一般为小天井大进深、布局紧凑的平面形式。广府民居风格在南宋以后逐步建立起来，至清中期已经相当成熟。其主要代表形式是三间两廊式的合院。所谓三间，即明间的厅堂和两侧次间的居室，两侧厢房为廊，一般右廊开门与街道相通为门房，左廊则多用作厨房。大户人家、富商巨贾在三间两廊的基础上，通过增加开间和天井数，或者增加横屋来满足需要，如玉林高山村民居（图 4.14）。

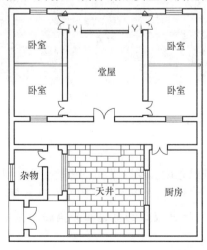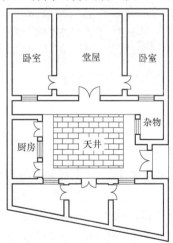

图 4.14　玉林高山村广府式三间两廊

2）建造

桂南院落民居的梁架构造非常丰富，主要有叠梁式、穿斗式和雕梁式。其建造文化与岭南民居文化一脉相承，具有三大突出特征：第一，依据自然条件包括地理条件、气候特点，体现出防潮、防晒的特点；第二，基本格局为"三间两廊"，以镬耳封火墙为特色；第三，大量吸取西方建筑精髓，体现了兼容并蓄的风格。

封火墙是桂南院落民居的一大造型特色。墙头都高出于屋顶，轮廓呈阶梯状，变化丰富，有一阶、二阶、三阶之分。封火墙的砖墙墙面以白灰粉刷，墙头覆以青瓦两坡墙檐，白墙青瓦，明朗而素雅。砌墙材料有三合土、卵石、蚝壳、砖等，清代以后多用青砖。

（2）公共建筑

1）坛庙祠堂

桂南民居聚落的坛庙祠堂一般位于聚落的最前列或中心。祠堂建在全村的最前列，面对半月形水塘，其余居住民居的前檐口均不得超出祠堂，高度也必须比祠堂低，以体现宗祠在整村落中的地位。

祠堂一般为中轴对称布局，沿中轴线方向由天井和院落组织两进或三进大厅。入口第一进为门厅，中进为"享堂"，也叫大堂、正厅等，是宗族长老们的议事之地和族人聚会、祭祖之处，后进为"寝堂"，奉祀祖先神位，非族中重要人物不得入内。宗祠由大门至最后一进，地面逐渐升高，增加了宗祠的威仪，明确了空间的等级，又将不同功能的空间简单且灵活地加以分隔。

玉林高山村的祠堂非常具有典型性。高山村现保存较好的宗祠 13 座，图 4.15 是其中的牟绍德祠。这些古建筑均为硬山顶砖木结构，三开间，灰瓦青砖墙，抬梁式木构架，屋脊两端犄角翘峨。

(a) 入口   (b) 内部

图 4.15　玉林高山村牟绍德祠

2）亭台楼阁

真武阁（图 4.16）位于容县县城容州古城的东南、绣江北岸的经略台上，建于明万历元年（1573 年），原为明朝容县的道教宫观——武当宫的最重要建筑。真武阁与岳阳楼、黄鹤楼、滕王阁合称"江南四大名楼"，是唯一没有被推倒重建而完整保留至今的天下奇楼，1982 年被列为全国重点文物保护单位。

真武阁是一个底层架空的三层楼阁式建筑。阁身面阔三开间，进深一开间，底层面阔

13.8m，进深 11.2m，建筑高 13.2m。结构采用混合式木构架，全楼上下采用近 3000 条大小不一木构件，通过榫卯连接成为整体。楼阁第一层有落地柱 20 根，坐落在经略台石柱础上。第二层有 4 根大内柱，穿过第三层楼的楼板直达上层，与阁身檐柱、穿枋、短瓜柱、斗拱等共同承抬楼板和第二层、第三层的沉重荷载，但柱脚却都悬空不落地（现离地板有 2cm 左右的距离）。此被视为整座楼阁最精巧、最令人惊叹的部分，梁思成先生称之为"神奇的杠杆结构"。

真武阁的柱网布置合理，结构严谨，装饰大气有特色，历 400 多年的历史沧桑，历经无数的地震、台风，至今安然无恙，被称为"天南奇观""天南杰构"。

(a) 俯瞰图

(b) 正面图

图 4.16　容县真武阁

3. 客家式

客家式以传统民居为主要的建筑呈现形式。

1）平面

广西的客家建筑，主要分为堂横屋、围屋和围堡。堂横屋是广西客家建筑最为常见的类型，也是其他类型客家建筑的基本组成单位。

① 堂横屋

堂屋为祭祀空间，横屋为居住空间。客家人特殊的聚居模式和强烈的家族观念使客家人形成"大公小私"的生存哲学，"明堂暗屋"的建房理念深入客家人心，因此非常重视厅堂的建设。中轴线上的厅堂分别被称作"祖堂（上厅）""中堂（官厅）""下堂（下厅、轿厅）"，为家族共有的厅堂，开敞明快，面积很大。两侧横屋为以住屋为主体的生活居住部分，除了"从厝厅""花厅"等厅堂外，其余房间均为卧室或杂物房，并被平均分配到各户。因此，堂屋是以祠堂为主体的礼制厅堂，横屋为居住生活空间，形成堂屋、横屋 2 套性质不同的空间系统。

客家民居前一般都设有禾坪与半月池，作为农耕为主且聚居密度较高的客家人，禾坪起到晒谷打场和集散人流的作用。半月池则提供消防和日常用水，且形似于书院前的泮池，寄托了客家人"耕读传家"的理想。图 4.17 为堂横屋组合示意图。

贺州莲塘江氏围屋（图 2.12、图 2.13、图 4.18）是广西现存堂横屋中保存得最好的。

② 围屋

围屋是在堂横屋的基础上在后半部增加半圆形的杂物屋形成。广西现存的围屋较少，

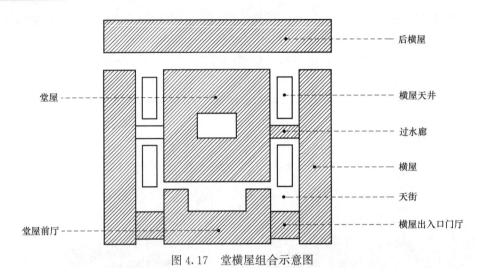

图 4.17　堂横屋组合示意图

后横屋

横屋天井

过水廊

横屋

天街

横屋出入口门厅

堂屋

堂屋前厅

图 4.18　贺州莲塘江氏围屋

典型的有玉林朱砂峒和金玉庄两处。

　　玉林朱砂峒客家围屋（图 2.14～图 2.16）由祖籍广东梅州的黄正昌建于清乾隆时期，黄正昌在乾隆、嘉庆、道光三朝为官，官至五品，死后道光赐"奉直大人"，故该宅也称为"大人第"。金玉庄距朱砂峒 3km 左右，是由分家出去的黄氏同族人模仿朱砂峒所建。

　　2）建造

　　以生土作为主要的承重和围护材料，是客家传统建筑结构体系的最大特点。客家人多居住在山区，农耕为生，经济条件并不优越，取土造屋是最为经济简便的营造方式，他们继承和发展了中原汉人的土工造屋技术。

　　客家建筑对生土的处理和利用分为夯土和土坯砖两种方式。夯土又称为版筑，民间俗称"干打垒"，是通过在模板之间填以黏土夯筑的建筑方法。其所用材料主要有两种，一种是素土，即黏土或砂质黏土；另一种则是掺了碎石、砂和石屑，甚至红糖、糯米浆的土。后者更为坚固，通常用在客家围屋的外围墙、墙身基脚部分。

作为实墙承重的结构体系，火砖也是客家传统建筑常用的砌体材料。由于建造成本较高，火砖通常用于结构上的重要部位和有防潮要求的位置，如墙体交接的转角处以及墙基等。由于砖墙细腻美观，重要场所如祠堂、厅堂等处的墙体也多用砖砌体砌筑。夯土、土坯、火砖 3 种材料，根据其不同的物理性能和经济要求，被合理地使用在客家传统建筑中。

4.2　壮族传统建筑

壮族传统建筑以居住建筑为主，因为壮族的公共建筑不发达，最能体现文化差异的建筑形式还是民居。桂东北壮族民居聚落布局受礼制和宗法影响明显，较有章法；其余地方更多受自然条件制约，表现出对自然环境的适应和妥协。桂西北沿等高线发展，村小而密集；桂西及西南多为喀斯特地貌，村小而分散；桂中地势平缓，空间开阔，村大而密集。

壮族民居类型主要分干阑和地居两种形式。干阑是广西壮族传统民居的主导形式，地居是干阑建筑地面化以及完全汉化的结果。桂西北、桂西、桂西南山区干阑居多，属于山地型建筑；桂东北、桂东、桂东南平原和丘陵地区以地居为主，属于平地型建筑。

下面对壮族传统建筑按山地型和平地型进行介绍。

1. 山地型

（1）传统民居

壮族干阑式民居是广西壮族民居最原生的形态，由于自然地理环境、区域文化背景、族群构成的不同而形成截然不同的干阑民居形态。桂西北与桂西南是广西壮族集中分布的两大区域，是广西地区传统干阑民居的主要集中地。而桂中西部是次生干阑最为丰富的区域，包含了数量众多的亚态干阑建筑文化。

1）平面

壮族"干阑式"民居根据分布的地区不同，其建筑特点各异，形式多变，还可细分为高脚干阑、矮脚干阑、半地居干阑、地居式干阑等类型。这些干阑民居多为二层三开间，设阁楼。干阑民居底层用作圈养牲畜，二层为居住层，阁楼作储藏之用。居住层分隔成堂屋、卧室、储藏室和火塘（厨房）4 大部分，这是满足人们居住生活的基本建筑元素以及干阑建筑须具备的实用功能与布局结构，而差别只是具体的平面布局和空间划分形式。

图 4.19 为龙胜龙脊廖宅，廖宅属于典型的壮族干阑式民居，始建于清同治至光绪年间，距今有 150 余年历史。廖宅面阔六开间（其中一间为后来加建），进深五开间。由于桂北山区冬季寒冷，民居的立面封闭性较强，民居首层架空，但四面均用木板封闭，内部不设隔墙。

2）建造

桂西北干阑式民居主要的结构形式是穿斗构架；桂西及桂西南干阑式民居主要的结构特点是下部支撑部分采用穿斗构架，而屋顶部分普遍采用大叉手斜梁承托檩条。原始的结构形式与先进的力学体系矛盾地结合在一起，反映出传统习俗的延续，以及该区域木构技

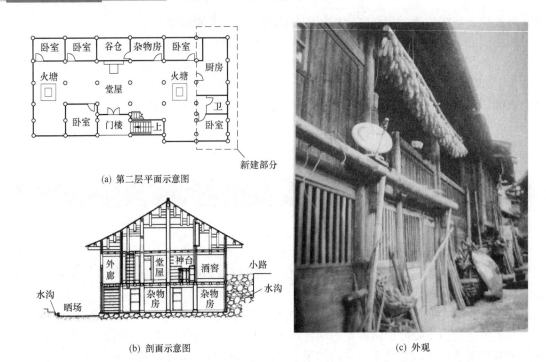

(a) 第二层平面示意图

(b) 剖面示意图

(c) 外观

图 4.19　廖宅第二层平面示意图、剖面示意图与外观

术相对落后的情况。

桂中西部次生干阑式壮族民居，由于大量采用砖石与夯土、泥砖筑造山墙，其结构具有混合承重的特点。通常屋脊以及房屋中部的排架仍采用穿斗构架，而两侧山面则用砖墙或者夯土墙承重。这种做法既节省木材，又利用砖柱墙、夯土墙防火、防蛀、防水性能较好的优点，就近取材，经济便宜。但这种混合结构的建筑形式，其屋架部分与下部承重柱子、墙体的交接都是以搭接为主，不像全木穿斗结构是以榫卯连接形成整体框架，因此其整体性不佳，对于抗震不利。

壮族干阑式民居就地取材，量材而用，质感丰富多变又协调统一，采用天然石材、木材、青砖和灰瓦，造就与自然界浑然一体的建筑形象。其采用穿斗式木构架为主要结构，建造方法由木匠历代师徒相传，少有文字记载，其基本的营造技术是采用榫接法由柱枋串联组成单排屋架，排与排之间由拉结梁联系形成整体结构，柱与柱之间设瓜柱支撑屋面。

（2）公共建筑

与广西的侗族相比较，壮族传统聚落的公共建筑较少，也缺乏鼓楼、风雨桥等大型公共建筑，这一方面是由于壮族族群众多且分散，长期以来没有形成统一的公共建筑形制，因此在公共建筑方面没有大的发展；另一方面壮族是一个讲求实用，重内涵轻形式的民族，其精神诉求多存在其非物质文化的传统之中，而较少通过器物来表现，因而，壮寨中的公共建筑多讲究公用，但形式都较为简单、质朴。此外，壮族是一个被汉族同化最明显的民族，原有的民族特色逐渐被消解，一些文化传统没有保存和传承下来，也造成了公共建筑不发达的结果。

1）寨门

在传统壮族村寨的入口处，多设有寨门作为内外分界的标志和出入村寨的主要通道。

寨门是一种具有防御功能的建筑，与石砌围墙一起起到防御匪患的作用，此外也有阻挡妖魔鬼怪的意义。村寨建立之初一般都设有多座寨门，随着岁月的流逝，寨门的防御意义逐渐消退，原有的或毁或拆，与之连接的围墙基本上难觅踪迹。现今存留的多为单独的寨门，成为村寨的标志，对地域的界定作用成为其主要功能。

从现存的寨门看，壮族的寨门较为简朴，多以石料构成简单的门框，门楣凿出屋檐的意向，屋脊正中雕刻宝瓶或葫芦。寨门的位置和朝向选择极为重要，需请专人测定，动工时间也是如此。

图 4.20 为龙胜龙脊的两个寨门，龙脊先民自古就信奉寨门有"留财避邪""神护风水"的作用。在清朝光绪八年（1882 年），当时由村民集体出动 300 多人，抬回大块的石料，请石匠分别凿成两扇石门（进寨门和出寨门）以及 20m 长的石护栏杆。进寨门，门头刻有"万年门"字样。两侧刻有对联，上联"金门百代耀福村"，下联"古树千年荫古地"。出寨门，门头刻有"福圣门"字样。两侧刻有对联，上联"古寨千年阳吉地"，下联"石门万载耀福村"。石寨门至今还立于村寨东西两面，守护着这一方水土。

(a) 福圣门

(b) 万年门

图 4.20　龙胜龙脊寨门

2）凉亭

广西山区，山高路陡，日照强烈，生活在此的壮族上山下山重担行走非常辛苦，因此素来有修建凉亭的风俗。壮族将修建凉亭视为热心公益、尊老敬贤、积德行善之举，并象征着村寨的团结和家族的和睦。壮族地区的凉亭，很多是子女为家中老人消灾祛病、祈福长寿而修建的，在功用上最终却体现在为公众谋福利。凉亭多建在旷野间的交叉路边上，也有的建在村中或者村旁，以方便往来劳作的村民使用。凉亭平面多为正方形或者长方形，面积 3～10m²，由 4、6、8 根立柱铆接穿枋木搭成，双斜坡瓦顶或草顶，四面开敞，底部四周用木板搭成坐凳。在凉亭正中的横梁上常注明修建的年月以及捐资捐物修建者姓名和捐赠明细（图 4.21）。

(a) 八乾亭

(b) 侯家凉亭

(c) 平寨凉亭

(d) 清泉亭

图 4.21 龙胜龙脊凉亭

2. 平地型

（1）传统民居

壮族平地民居与干阑式民居的主要区别有以下几个方面：

第一，广泛采用砖石、夯土等材料作为承重墙体和围护结构，屋顶保留木结构坡屋顶形式，大量减少了木材的使用；

第二，从楼居转为地居，从人上畜下共处一楼的垂直分区，发展为人畜分离的平面分区；

第三，平面模式除了简单的矩形平面外，还发展了带两厢、井院的复杂合院模式。

1）平面

壮族的平地民居建筑，多是三间一幢。生活较贫困的人家也有两间一幢或仅一间的。生活较富裕的人家，在正房前建有门楼，门楼与正房之间是天井，天井两侧有围墙将门楼和正房连为一体。靠围墙的内侧建有厨房、猪栏或厢房。无论是几间一幢，窗都开得很少、很小，所以室内光线较差。其结构多为泥砖瓦顶、三合土舂墙瓦顶或茅草顶，少数为火砖瓦顶。中华人民共和国成立后，随着人们生活水平不断提高，不少地区都建了青砖瓦房。

平地壮族民居在功能上和干阑式基本一致。功能空间有厅堂、卧室、外廊、顶屋的阁楼等，但是平地壮族民居将干阑式的功能进行了重新组合、优化。

首先，平地壮族民居建筑将干阑式建筑的垂直方向上架空层和居住层的功能整合在一起，使居住层与地面属一个水平层面，居住方式从楼居式变成了地居式。房屋外独立设置一个畜厩，将原来架空的底层空间的功能转移至此，实现人畜分离而居。顶层的储藏功能保留，也可用于寝卧休息。其次，整合后的功能分为 3 大区域：祭祀起居的厅堂空间；家庭活动的场所——院子；歇脚暂停的门厅空间。

在平地壮族民居里，火塘间被取消，其功能分别由院子、厅堂和厨房共同分担。地居式壮族民居，其入户方式皆为地面直入式；其平面格局多分为两种："一明两暗"和"三间两廊"。

"一明两暗"是最基本的地居式民居形态，堂屋居中，两侧为寝卧空间，如图 4.22 所示。

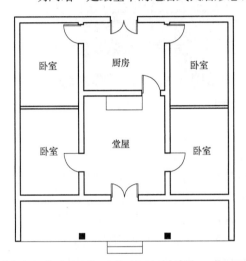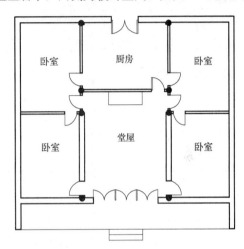

图 4.22　"一明两暗"平面示意图

"三间两廊"由"一明两暗"加天井和两侧的厢房构成，如图 4.23 所示。

2）建造

硬山搁檩（图 4.24），在桂东壮族平地式民居中大量存在，可以说是分布范围最广、数量最多的一种地居式民居的建筑结构做法。这种做法是承重横墙常采用夯土、泥砖以及青砖、红砖等砌筑，然后将各开间横向承重墙的上部按屋顶要求的坡度砌筑成三角形（通常为阶梯状），在横墙上搭木质檩条，然后铺放椽皮，再铺瓦。这种方法将屋架省略，构造简单、施工方便、造价低，适用于开间较小的房屋，一般多见于农村。檩条一般采用杉木原木，木檩条与墙体交接段应进行防腐处理，常用方法是在山墙上垫防腐卷材一层，并在檩条端部涂刷防腐剂。

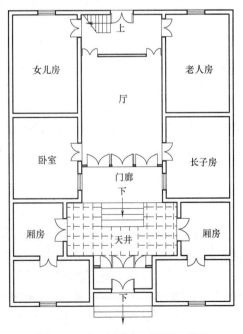

图 4.23　"三间两廊"平面示意图

硬山搁檩的民居由于以檩条兼作梁之用，开间一般不大，室内空间也较为局促，与当地的汉族地居式民居结构无异。

图 4.24　硬山搁檩

（2）公共建筑

1）祠堂

在汉族文化的体系中，祠堂是宗族或家族的象征。由于广西壮族受汉族文化影响由来已久，在交通较为方便的平原地区，聚族而居的壮族，至近代仍普遍保留有宗祠。祠堂建筑一般位于村落中最好、最重要的位置，具有"向阳""面水""背山"的最佳方位。在壮族的观念中，祖先之灵是一个宗族最亲近、最尽职的保护神，既可保佑宗族人丁兴旺，也可为宗族驱邪避灾，因此建立祠堂的目的是敬奉祖先。人们除了在各自家中供奉家庭祖先之外，还在年节到宗祠集体祭祖。为了维持宗族的存在和活动，宗祠内一般都设有蒸尝田或祭田（即族田），由族长管辖，其收入用以祭祀、修建、互助、办学等。

祠堂建筑，是家族或宗族权力与经济的象征，常投入很多的财力建设，因而在建筑的等级方面高于一般民居建筑，整体尺度大，建筑外形美观，装饰精美。建筑群往往还采取抬高建筑台基的方式来突出其地位。阳朔朗梓村的瑞枝公祠是典型的祠堂建筑。瑞枝公祠建于清同治年间，占地约 2000m^2，由天池、厢房、正堂组成。"瑞林祠堂"四字用花岗石凿成并镶嵌于大门正方，大门门框皆由青色花岗石组成。门口的屋檐下、墙壁上，整齐有序地排列着 7 幅长宽不等的壁画，画中有乌鸦戏水、春燕衔泥、渔翁钓鲤等，画面栩栩如生、形象逼真。进入大门，是天井内院，内院左侧为辅房，右侧通过天井与住宅相连（图 4.25）。

2）土地庙

土地庙是广西各地壮族普遍崇拜的地方保护神，几乎每个村寨，都建有一座或几座土地庙。壮族认为土地公是一方之主，主管一方水旱虫灾及人畜瘟疫的神灵。土地庙多无像，唯用红纸书写"土地公之位"字样，贴于正中墙上以供祭拜。逢年过节或遇有重大危难事件，村民必到土地庙求签。供物随事的大小而有厚薄。求签前忌吃狗肉。全村则一年一小祭，三年一大祭。每年开春作"春祈"，求土地公保佑当年风调雨顺，人畜平安。秋季"还愿"，感谢土地公的厚赐。

(a) 入口　　　　　　　　　　　　　　　　(b) 内院

图 4.25　阳朔朗梓村的瑞枝公祠

广西壮族传统聚落中的土地庙多形制简单，仅为木构或砖砌的坡屋顶单间小棚，低矮狭小，很多祭拜活动只能在庙外围举行。土地庙多位于村口大树下或树林中，有护卫村寨的意义（图 4.26）。

图 4.26　土地庙

4.3　侗族传统建筑

1. 传统民居

侗族民居多为干阑式木楼，由于其居住地区多森林，利用林木资源建造房屋，取之于自然，用之于自然。同时，南方多雨、多虫蛇，建造干阑式木楼，能够有效地保护自身的健康和安全。

（1）平面

侗族的干阑式木楼在建筑上的最大特点是因地势而建，建筑形式富于变化。侗族木楼以三层居多，按竖向划分功能区：底层架空层一部分或全部围合为畜圈、农具肥料库房，二层住人，三层主要作粮食存放、风干等用途。

图 4.27 为一标准的四开间平面示意图，从进深方向上来看，前檐柱与金柱之间形成侗居特有的宽廊，是家庭的主要起居空间。第二进和第三进分别为火塘间和卧室。楼梯大多布置在山墙两侧，为木制单跑形式。以这种平面为基本原型，根据家族人口的多少和功能需求，可以衍生出多种平面，也因为各户所处的地理位置不同、用地有限，平面上又会发生一些变化。

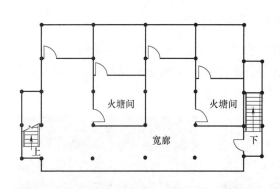

(a) 四开间平面示意图

(b) 侗居特有的宽廊

图 4.27　侗族木楼平面示例

（2）建造

1）丰富的双坡屋面

侗族的干阑主体为木架结构，屋顶为双斜坡式，一侧多建有批厦，既可保护山墙木板免受日晒雨淋，又可扩大干阑空间，减少屋基和立柱的负荷，也增加干阑的美感。干阑形式多样，既有悬山式，又有歇山式（俗称八角楼），还有半歇山式，即干阑的一边为悬山式，另一边为歇山式。侗族干阑还流行前后檐下增设 1～2 道短檐，形成重檐式，既可用以遮挡强光、雨水对走廊和居室的照晒、冲刷，又使高大的干阑造型富于线条的变化，层次感更强，更显美观和富有特色（图 4.28）。

2）穿斗构造法

侗族干阑的营造是依形就势，采用榫卯衔接的穿斗构造法（图 4.29），以立柱和穿枋铆接构成干阑骨架，以立柱和瓜柱构成双斜坡梯形承托顶部檩条。立柱底部以石础支垫，以防立柱下沉或雨水侵蚀。然后用木板拼合为墙，铺板为楼，再沿立柱用木板分隔成小间，顶上用小瓦覆盖。整座干阑木构骨架材质优良，环环相扣，浑然一体，工艺精巧，结构紧密稳定，具有良好的抗震功能。

2. 公共建筑

（1）鼓楼

鼓楼（图 4.30），因楼中悬挂有皮鼓而得名。鼓楼由各个村寨或姓氏的居民捐资献料共同修建而成，是侗族团结力量与精巧工艺的象征。如果一个村寨为多个姓氏的居民居

图 4.28　三江侗寨丰富的双坡屋面

图 4.29　穿斗构造法

住，则建有多座鼓楼，而且各族姓都以自己修建的鼓楼高大雄伟、造型别致或装饰豪华精美为荣。鼓楼是侗族村寨独具特色的标志性建筑，可以说，只要看到了鼓楼，就意味着进入了侗乡。

鼓楼的平面形状有四方形、六角形和八角形，其中以四方形为多。平面多为三开间，平面中间四根内柱为擎天柱，直通屋顶，起主要承重和稳定结构的作用，象征一年四季；外围的檐柱 12 根，高 3～4m，象征 12 个月；内外柱用枋连接，形成一个稳定的空间框架，寓意季季平安，月月祥和，充满了吉祥如意的心愿。也有个别鼓楼中间仅有一根大木柱直通屋顶，处理较为古拙。一般在鼓楼内设置石砌火塘，冬季焚火取暖，供楼内侗胞议

(a) 三江岩寨鼓楼

(b) 三江马胖鼓楼

(c) 三江高定独柱鼓楼

(d) 三江颐和鼓楼

图 4.30　柳州三江鼓楼

事或休憩，燃烟顺着开敞的檐间袅袅飞去。虽然鼓楼的密檐层数不等，但只有底层可供使用，极个别二层楼可供使用。

鼓楼的平面虽然变化不是很大，但其屋顶造型却非常丰富，通常有歇山顶、悬山顶、多角攒尖顶，以及几种屋顶形式综合于一体等多种屋顶形式。屋面多为密檐，从 3～13 层均有，多为奇数，与汉族的奇数代表阳性的观念一致。

鼓楼在侗族人的社会生活中有着十分重要的地位，是侗民议事、典礼、聚会、娱乐、休息、聊天的公共场所。平时，鼓楼是侗族群众休闲的场所；逢年过节，鼓楼便成为一个村寨的娱乐中心，集体吹奏芦笙、跳"多耶舞"等；每逢村寨互访或有特别尊贵的客人来访时，全村各户自备酒菜饭，一起到鼓楼坪"一"字形摆开长桌，举行"百家宴"（图 4.31）；凡村寨中遇到重大事件或突发性紧急事件（如村寨或山林失火、盗窃、外来侵犯等），头人便登上鼓楼击鼓集中众人，议事并做出决断。

鼓楼是侗族精美建筑艺术的杰作，也是中华民族璀璨的历史文化遗产瑰宝之一。一座座高耸的鼓楼屹立于侗寨鳞次栉比的干阑式建筑群落之中，与鼓楼坪、戏台共同组成侗寨的核心，形成内涵丰富、风格独特的鼓楼文化。

图 4.31　在鼓楼坪举行"百家宴"

（2）风雨桥

凡是侗族聚居的地方，多修建风雨桥（图 4.32）。据不完全统计，仅广西三江侗族自治县境内就有 108 座风雨桥。其数量之多，风格之独特，堪称我国少数民族地区桥梁之最。

码 4-1　侗族风雨桥

侗族风雨桥的构造方法大同小异，但屋面的处理却很少雷同，全凭工匠的心灵妙意发挥创造。

侗族风雨桥集桥、亭、廊为一体，是三者巧妙地有机结合，造型美观、风格独特，侗族风雨桥一般由石砌的桥墩，木构的桥梁、桥面、桥廊、桥亭及用石板铺成的台阶和引桥等部分组成，桥体上一般有 3～5 座歇山攒顶式桥亭，亭与亭之间是等距的双斜坡式瓦顶桥廊；桥廊两边增设一批檐。攒顶式桥亭取宝塔造型，并将之简化与美化，顶尖塑以侗族崇拜的凤鸟或葫芦，形成似塔非塔的优美造型与独特风格，在青山绿水的映衬下，显得格外醒目，轻盈庄重。

侗族风雨桥多规模宏大，长度多在 100m 以上，宽三四米。风雨桥的高度超过历史最高水位。这样即使山洪暴发、河水猛涨，由高大的石砌桥墩支撑的桥体，凌空高架于滔滔奔涌的河水面上，有效地避免洪水对桥体的冲击，保护风雨桥的安全，保证人们的正常行走。

风雨桥均选用优质材料修建。营造桥体的木材、檩条等都选用当地最优良的材料——优质杉木。风雨桥桥墩所用的石材，皆是当地出产的青砂岩，工匠们将之开采出来后，凿成一块块巨大而规整的长方形。桥墩的迎水方向砌成三角形，可以减少急流对桥墩的冲刷，保证桥体的稳定与安全。用料的优良保证了风雨桥经久耐用。

(a) 全景图

(b) 攒顶式桥亭

(c) 商业功能、休息功能

(d) 石砌桥墩

图 4.32　三江程阳永济桥

　　风雨桥结构合理，营造工艺精巧。整座大桥的木构件不用一钉一铆，大小木料，榫卯衔接，浑然一体。

　　除最基本的交通联系功能外，由于桥体上方有覆盖整个桥面的双斜坡瓦顶，两边增设一批檐，使桥廊里形成一个可遮阳避雨、小憩纳凉的空间。

　　同时，侗族风雨桥还有精神层面上的功能，它不仅是侗族民族精神的象征，而且是侗族民族团结友爱、互助合作、聪明智慧、富于创造和积极进取的体现。

　　（3）寨门

　　侗寨的寨门是聚落生活区域边界的标志，侗族的寨门一般为"井干式"木构建筑，侗族称之为"现"，规模大小不一（图 4.33）。寨门分前、左、右三门或前、后、左、右四个寨门，在四面开敞的环境中，寨门实际上已经没有任何防御的功能。当地人认为寨门有贯龙脉、通声气的作用。除此以外，寨门更重要的是它的仪式功能，寨门对于侗家人来说，是一个很有文化性的特殊场所。村寨之间大型的交往实际上是从这里开始也是在这里结束的，因此寨门不仅是界标，它更是一个仪式的场域。这反映出侗族人民喜爱户外活动和公共交往的习惯。

　　现在的侗寨寨门更具有象征意义，立于寨子较远出入口处。传统侗寨寨门营造技术与鼓楼相类似。

　　（4）凉亭

　　侗族历来有在村寨附近的通道旁修建凉亭之习俗，以方便行人遮荫歇凉或避雨（图

图 4.33 三江侗寨的不同寨门

4.34）。耸立在青山绿水间的一座座别致或简约的凉亭，形成一道独特的人文风景线，除了具有遮荫避雨的实用功能之外，在每一座凉亭的背后，都有一个动人的故事，蕴含着侗族丰富独特的文化，反映着侗族淳朴优良的品格和别具特色的习俗。在凉亭的选址、动工日期、开工和落成仪式以及选用的材料等，都有一系列的习俗礼仪。凉亭平面略呈四边形，面积约 $3m^2$，由四根立柱卯接穿枋木构成，双斜坡瓦顶或草顶，底部边沿用木板搭成坐凳。过去，主家还在亭柱上挂着草鞋，以供行人更换；或在亭边挖掘小井，以方便行人口渴饮用井水。

图 4.34 侗寨凉亭

（5）戏台

侗族戏台多与鼓楼及鼓楼坪构成一组相配套的建筑群体，是侗寨中议事、典礼、聚会、娱乐的场所（图 4.35）。戏台皆为全木结构、五榀四柱，采用穿斗构造方法，穿枋架梁，歇山顶。戏台平面呈正方形，高 1.3～1.9m，宽 9.8m，进深约 7m，以木板铺面，设有后台和化妆室。后来，侗族工匠又将鼓楼和戏台建筑合为一体，特色更为鲜明。在戏台的檐口，常用白灰勾勒，呈现出飞檐翘角的明晰轮廓，具有造型美观、工艺精巧、装饰华丽的特点。

图 4.35　三江侗寨戏台

4.4 瑶族传统建筑

1. 山地瑶族

（1）传统民居

山地瑶族最主要的居住形式是干阑民居。在建筑风格方面瑶族的干阑建筑受侗族和壮族影响较大，呈现"近壮则壮""近侗则侗"的特点。

与壮族、侗族等少数民族一样，山地瑶的干阑房屋下层多为牲口房与仓库，楼上为厅堂和卧室，设有挑廊。堂屋是建筑的中心，神位设在堂屋迎门墙壁的正中，神龛雕刻精致，神秘而庄重；神位背后的房间由家中的长者居住，火塘在瑶族人的家庭生活中占有极其重要的地位，是家庭休闲活动的中心。

图 4.36 是灵川老寨瑶族民居，图 4.37 是龙胜红瑶民居，图 4.38 是金秀瑶居爬楼。金秀瑶居装饰精细，石阶、门厅、门墩、匾、檐、槛各部件雕龙画凤，正面有雕饰的吊楼，距地面 2m 左右，栏杆造型考究，吊楼房间为少女的闺阁，也是瑶族青年恋爱幽会时的"爬楼"。

建筑形式有竹、土木、砖木结构。

(a) 民居1　　　　　　　　　　　　　(b) 民居2

图 4.36　灵川老寨瑶族民居

图 4.37　龙胜红瑶民居　　　　　　　　　　图 4.38　金秀瑶居爬楼

（2）公共建筑

山地瑶族重要的公共建筑主要有戏台、寨门等。

① 戏台

戏台是展示瑶族人民丰富业余生活、节日热闹气氛的娱乐性场所。在祭礼和过节时，热情的瑶族人民齐聚一堂，载歌载舞，展现对节日的喜爱和对生活的热情。

戏台是随着乐舞、戏曲艺术和生活水平的提高而进一步兴起发展起来的。起初，只是一块具有演出功能的场地，随着表演艺术发展和瑶族人民对表演的喜爱，慢慢形成称为"露台"的高台建筑。之后，为了装饰美化和遮风避雨，在露台上加建屋顶；发展到后来，露台两侧又加建了侧墙，既加强了音响效果，也排除了视线干扰。总之，戏台是每个瑶寨必不可少的公共建筑（图 4.39），其中，山地瑶族的戏台一般位于地势较为平坦的中心地段。

图 4.39　灵川老寨戏台　　　　　　　图 4.40　来宾金秀平道村古占瑶寨寨门

② 寨门

在传统的民族村落中，寨门是必不可少的公共建筑，它是聚落生活区与其他区域的边界标志。山地瑶族的寨门一般为"井干式"木构建筑，根据村庄规模的不同，其寨门大小与形式也各不相同，寨门一般比较庄严气派（图 4.40），它没有任何的防御功能，只是一个村寨的标识，也是瑶族人民迎宾送客的重要场所之一。

2. 平地瑶族

（1）传统民居

相对于山地瑶族干阑民居，平地瑶族民居更多地吸取了汉族民居文化的精髓，在与当地自然生态、社会环境协调发展中形成独具特色的地居文化，是一种富有地方特色的文化遗存。

平地瑶族民居建筑的样式，有围篱式、砖瓦式、泥瓦式、砖木结构式 4 种类型，屋顶均为"人"字形。围篱式是下围竹篱笆或小木条，上覆茅草或杉皮；砖瓦式是上为瓦下为砖，并又有飞檐和无飞檐之别（图 4.41）；泥瓦式则是下为泥墙，上为瓦；砖木结构式是以木结构为主构架，用砖头围合成墙体。

平地瑶族建筑平面多为三间平列，称为三间堂，底层中间为厅堂，两侧两间做卧室。另一种建筑平面为三合院形式，屋前设天井，进大门见照壁，直通天井，左右厢房形成回廊，达正厅；左右厢房各开侧门连接外部街道，通达性强。民居多为两进或三进的建筑，大天井之后附属小天井，大厢房中还分小厢房，大小结合，层次多样。人口较多的人家，底层设谷库，楼上为青年子女住房。

图 4.41　富川瑶族砖瓦式飞檐结构民居

（2）公共建筑

戏台是平地瑶族村寨中较为重要的公共建筑，是瑶族人民的主要活动场所，在节庆期间场所内热闹非凡。此外还有庙宇、风雨桥、凉亭、宗祠等。

1）戏台

与山地瑶族一样，戏台在平地瑶寨里也是展示人民丰富的业余生活、节庆喧闹气氛的娱乐性场所。在节庆日人们欢聚一室，村寨中大大小小的活动均在这里举行，非常热闹（图4.42）。戏台多为木结构，多在四根角柱上设雀替大斗，大斗上施4根横陈的大额枋，形成一个巨大的方框，方框下面是空间较大的表演区，上面则承受整个屋顶的重量。这种额枋的建筑形制，对需要较大开间的舞台是十分有利的。

图 4.42　富川秀水村戏台

2）庙宇

平地瑶寨的庙宇是祭祀神灵的地方，最具代表性的有富川福溪村的马殷庙。其由主殿、副殿、戏台组成，用于祭祀五代十国时期楚国国王马殷。庙内的各种构件加工精细，装饰考究，极富艺术价值，是南方古代建筑中不可多得的民间建筑工艺精品，也是南方瑶族地区保存最完整、年代最早、规模最大、构件带有较多宋式风格的木结构古建筑（图4.43）。

3）风雨桥和凉亭

瑶寨依山傍水，在溪流上架设着各式各样的桥，这些桥供瑶族人民做农活时往返歇息、遮风避雨，因此称为风雨桥。大部分风雨桥由巨大的桥墩、木结构的桥身和凉亭组成。风雨桥中部或有供人躲雨与纳凉的亭子，称为"凉亭"。凉亭内设置有长凳，供人歇息。图4.44为恭城石头村凉亭，图4.45为富川福溪村的钟灵风雨桥，钟灵风雨桥跨于福溪村中部的小溪上，为木梁桥形式，桥墩（台）使用料石砌筑，木梁上铺木板作为桥面，桥面上架设进深三间、穿斗式木构架、小青瓦屋面的桥廊口凉亭。

4）宗祠

平地瑶寨的宗祠，它是供设祖先的神主牌位、举行祭祖活动的场所，又是从事家族宣传、执行族规家法、议事宴饮的地方。与山地瑶族宗祠一样，它也是家庭地位的象征和维

图 4.43　富川福溪村马殿庙

图 4.44　恭城石头村凉亭

图 4.45　富川福溪村钟灵风雨桥

持血缘关系的纽带，是家族活动的主要活动场地，宗祠外部形态简单朴素但彰显庄严，内部装饰较丰富。

　　图 4.46 为恭城杨溪村王氏宗祠，建于清道光年间，主体建构保存尚好。大门内进去为两层木楼，再进去为主殿，里面有砖砌的祭台供奉祖先神灵。殿高约 10m，由 12 根台柱支撑，青砖围墙，朱漆红檐墙脊飞翘，楼殿雄伟轩敞。王氏宗祠大门两边的诰封碑是村里的荣耀，清明时节全村数百人都聚集在祠堂里祭祖吃饭，现在依旧保留着信仰盘王、祭祀盘王的瑶族传统文化民俗。

图 4.46　恭城杨溪村王氏宗祠

4.5　苗族传统建筑

1. 传统民居

干阑式苗族民居是传统民居的一个重要组成部分，中华人民共和国成立前，苗族人民生活比较贫困，大多数人住杉木皮房、草房以及竹篾捆扎的"人"字形叉房，中华人民共和国成立后，苗族民居则以竹木干阑民居为主（图 4.47）。

码 4-2　苗族传统民居

苗族民居因地制宜，建筑形式丰富多样，在尺度、比例、构图和造型上都独具一格，别有特色（图 4.48）。

苗族民居一般尺度较小，但视觉效果亲切和谐。另外，不对称构图手法在苗族民居中也较常见。从平面布局到立面构图并不严格地遵循对称原则。虽然体型简单，但并不给人以单调的感觉，反而，在复杂的地形中呈现出错落有致、构图不拘一格，使建筑形象更加多样活泼，具有强烈的地方特色和浓郁的民族风格。

苗族干阑也分为 3 层，底层架空用于饲养牲畜、堆放杂物及农具等，居住功能主要分布在中间层，贮藏空间主要是阁楼层。

房屋一般设开敞的半室外楼梯上楼，并在二层设有敞开前廊，前廊较宽敞，宽约 1m，进深在 2m 以上。堂房是迎客间，内设火塘，堂屋为整栋民居的重心所在，堂房具有象征意义，是家庭最神圣的地方，有表达家族延续和家庭得以存在的精神功能作用。堂房正中后壁设神龛，上立牌坊，前置供桌，摆设祭品。由于山区山高地寒，云雾弥漫，雨水丰

图 4.47　隆林张家寨苗族民居

图 4.48　融水苗族民居

富，空气相对湿度很大，苗族故有终年围火塘"向火"的习惯。常以熊熊的火塘为中心（图 4.49），四周设坐凳矮椅，全家人在这里围火取暖、聚谈家常、休息娱乐、会客，尤以设宴就餐时最为热闹，热气腾腾、畅怀豪饮、酒歌互答，极富苗家乡土生活气息。堂房两侧则隔为卧室或厨房。房间宽敞明亮，门窗左右对称。大多数吊脚楼在二楼地基外架悬空走廊，作为进大门的通道。悬空走廊常布置独特的 S 形曲栏靠椅，姑娘们常在此纺纱织布、挑花刺绣，一家人劳作后也可在此休闲小憩、纳凉观景（图 4.50）。

　　苗居传统干阑式房屋均为穿斗式构架体系，这是南方民居普遍采用的结构形式（图 4.51）。

图 4.49　融水苗寨民居中心火塘

图 4.50　融水苗族建筑底层和悬空走廊

图 4.51　穿斗式构架体系

2. 公共建筑

（1）寨门

寨子的边界一般分为开放和封闭两种情况。前者道路系统可以伸出寨外，联系较为方便；后者外封闭、内自由，寨的边界砌以寨墙，或隔以灌丛绿篱，仅有主干道可以通入，并设有寨门。

寨门是一种具有防御功能的建筑类型，与围墙一同起到防御匪患的作用。村寨建立之初一般都设有多座寨门，随着岁月的流逝，寨门的防御意义逐渐消退，原有的或毁或拆，现今存留者成为村寨的标志，对地域的界定作用成为其主要功能（图 4.52）。

（2）芦笙柱

芦笙柱是立在芦笙坪中央的一根柱子，为苗族村寨的标志，每逢节日，苗族群众围绕着芦笙柱载歌载舞，相互庆祝（图 4.53）。芦笙柱用杉木制作，高 10～20m，底部直径为 30cm，尾径为 16～20cm，其造型根据民间传说，顶部雕刻苗族人民喜爱的鸟兽，离顶部约 2m，装一对木制水牛角，下半部是一对横杆，柱身色彩斑斓，绘龙画凤。竖立芦笙柱时要举行隆重的祭祀仪式。

　　一个村只竖一根芦笙柱，不能任意多立。在某一特定的芦笙堂中，主寨才能立柱，非主村寨一般只能参加活动而不能固定位置，所以也不能立柱。从老寨分离出来的新辟村寨，不论大小，在传统的芦笙坡上仍从属于原来的老村寨，参加原属的芦笙堂，没有立柱的资格。

图 4.52　融水小桑村青山屯寨门

图 4.53　融水苗寨芦笙柱

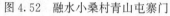
思考题

一、选择题

1.（单选题）（　　）的住宅平面根据天井组合为一进一天井和一进双（三）天井型。

A. 湘赣式　　　　B. 广府式　　　　C. 平地式　　　　D. 客家式

2.（单选题）（　　）的住宅平面主要的代表形式是三间两廊式的合院。

A. 湘赣式　　　　B. 广府式　　　　C. 平地式　　　　D. 客家式

3.（单选题）堂横屋是（　　）建筑中最为常见的类型。

A. 湘赣式　　　　B. 广府式　　　　C. 平地式　　　　D. 客家式

4.（单选题）梁思成先生称之为"神奇的杠杆结构"，被称为"天南奇观""天南杰构"的建筑是（　　）。

A. 玉林高山村牟绍德祠　　　　　　B. 灵川江头村爱莲家祠

C. 容县真武阁　　　　　　　　　　D. 阳朔朗梓村瑞枝公祠

5.（单选题）迄今广西规模最大、保存最完整的宫殿式明代建筑，全国四大孔庙之一的是（　　）。

A. 恭城文庙　　　　　　　　　　　B. 恭城武庙

C. 富川福溪马殷庙　　　　　　　　D. 容县真武阁

6.（多选题）鼓楼在侗族人的社会生活中有着十分重要的地位，是侗民（　　）的公共场所。

A. 议事　　　　B. 典礼　　　　C. 聚会

D. 娱乐　　　　E. 休息、聊天

7.（多选题）侗族风雨桥集（　　）为一体，是三者巧妙的有机结合，造型美观，风格独特。

A. 桥　　　　　　B. 亭　　　　　　C. 桥墩

D. 廊　　　　　　E. 宝塔

8.（多选题）"江南四大名楼"包括（　　）。

A. 真武阁　　　　B. 岳阳楼　　　　C. 黄鹤楼

D. 滕王阁　　　　E. 魁星楼

二、判断题

1. 鼓楼是壮族村寨独具特色的标志性建筑，可以说，只要看到了鼓楼，就意味着进入了壮乡。鼓楼是壮族精美建筑艺术的杰作，也是中华民族璀璨的历史文化遗产瑰宝之一。　　　　　　　　　　　　　　（　　）

2. 广西三江侗族自治县境内就有 108 座风雨桥。其数量之多，风格之独特，堪称我国少数民族地区桥梁之最。　　　　　　（　　）

码 4-3　第 4 讲
思考题参考答案

三、问答题

1. 简述侗族风雨桥的功能和特点。

2. 简述侗族鼓楼的功能和特点。

操作实践题

1. 制作侗族鼓楼木制模型。

2. 制作侗族风雨桥木制模型。

思政拓展

码 4-4　壮锦：幸福都是奋斗出来的——劳动人民的勤奋和智慧（1）

码 4-5　壮锦：幸福都是奋斗出来的——劳动人民的勤奋和智慧（2）

Chapter 05

第5讲

广西民族建筑的主要
建筑元素与装饰

 **学习目标**

　　知 识 目 标:

　　1. 了解广西汉族、壮族、侗族、瑶族、苗族主要的建筑元素与装饰,了解各民族建筑的屋面、墙体、门窗、雕刻、彩画等装饰元素和细节;

　　2. 体会广西汉族、壮族、侗族、瑶族、苗族等各民族工匠的精湛技艺,风俗习惯,以及各族人民对美好生活的向往。

　　能 力 目 标:

　　能简要分析广西各民族建筑的主要建筑元素与装饰。

思维导图

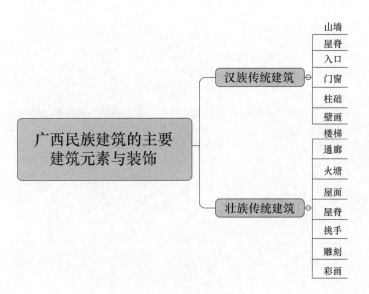

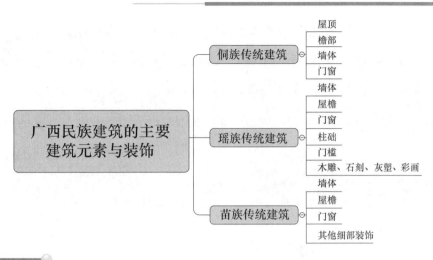

```
                                              ┌─ 屋顶
                                              ├─ 檐部
                        ┌─ 侗族传统建筑 ─○─┤─ 墙体
                        │                     └─ 门窗
                        │                  ┌─ 墙体
                        │                  ├─ 屋檐
                        │                  ├─ 门窗
  广西民族建筑的主要 ─┼─ 瑶族传统建筑 ─○─┤─ 柱础
  建筑元素与装饰        │                  ├─ 门槛
                        │                  └─ 木雕、石刻、灰塑、彩画
                        │                  ┌─ 墙体
                        │                  ├─ 屋檐
                        └─ 苗族传统建筑 ─○─┤─ 门窗
                                              └─ 其他细部装饰
```

问题引入

　　匾额和楹联是中华民族独特的民俗文化精品，不但丰富了建筑的艺术形式，而且通过题写的文字，深化了建筑艺术的意蕴。保存在广西古民居中的匾额、楹联数量庞大、内容丰富，寥寥数字却意义深远，或写景状物、寄情抒怀，或箴规励人、言志祝词，可以说是对古代社会生活的真实记录、实物佐证，反映当时的社会历史、职官制度、家族源流、各地民俗、时代文风、价值取向、审美好尚等。

　　请欣赏图 5.1，了解广西各族人民匾额、楹联文化。

(a) 家族通用堂号 —— 合浦县山口镇永安村至德第

(b) 三才堂(堂号) —— 灵山县佛子镇佛子村委马肚塘村

(c) "贡元"匾 —— 灵山县佛子镇大芦村

(d) "国魁"匾额 —— 灵山县佛子镇佛子村委马肚塘村

图 5.1　广西古民居中的匾额、楹联（一）

(e)"望重金吾"贺赠匾——灵山县太平镇连科坪仇氏荣封第古宅

(f)"成均俊彦"匾——钦州市钦北区大寺镇那桑村

(g)灵山大芦村劳氏祖屋门联

(h)浦北大朗书院大门楹联

(i)刘永福故居"三宣堂"大门楹联

(j)合浦县山口镇永安村北堂对联

图5.1 广西古民居中的匾额、楹联(二)

　　匾额生辉耀门楣,它把中国古老文化流传中的辞赋诗文、书法篆刻、建筑艺术融为一体,集字、印、雕、色之大成,以其凝练的诗文、精湛的书法、深远的寓意,指点江山、评述人物。

　　楹联意深彰教化,广西传统民居悬挂楹联的方式有"门联"(挂于门两侧)、"柱联"(对称挂在柱子上)、"壁联"(对称挂于墙壁上)、"梁联"(刻画于顶梁)、"屏联"(刻画于屏风），这些古宅楹联反映了广西古代的家族历来重视修身、持家、创业、报国的传统。广西的古民居中有许多这样保存完好、多姿多彩的楹联，数百年来一直焕发着光彩。

广西传统建筑的屋顶类型以硬山、歇山为主，形式各异，丰富多彩；广西的山墙造型多样，墙体材料以自然的原材料和色调为主；在广西传统建筑中，门、窗总是人们费心装饰的部分，门窗木雕纹饰简练精巧，体现了少数民族工匠的精湛技艺；彩画也是广西传统建筑中的一个常见而重要的装饰手法。广西传统建筑的一砖一瓦、一梁一柱、挑手和柱础，都富有浓郁的生活气息。大多数的彩绘、木雕、石刻都与民间传统故事、风俗习惯相关联，精美的雕、镂、镌、刻无处不在，不仅增添建筑的艺术美感，还表达了人们对美好生活的向往。

下面按汉族、壮族、侗族、瑶族、苗族分别介绍广西传统建筑的建筑元素与装饰。

5.1　汉族传统建筑

广西的汉族，均是在不同时期由外地迁入。血缘宗族关系是汉族聚落形成的内在核心因素。对内，宗族以儒教礼制规范聚落空间，显示出较强的等级和秩序。对外，血缘的排他性使得外来血统人员难以介入，聚落空间呈现出防御性的特征。广西汉族传统建筑以湘赣式为主，"天井堂厢"和"四合天井"是桂北地区最为常见的平面类型；桂南建筑以"三间两廊"为主；客家围屋以四合中庭型的堂横屋形制为主。湘赣式建筑装饰最精彩的部分在于山墙，主要分为马头墙和人字墙，轻巧空灵，变化万千；桂南建筑以镬耳山墙和墙身画为其独特的造型和装饰手法；客家建筑装饰风格以简朴为主。

码 5-1　广西民族建筑的主要建筑元素与装饰

1. 山墙

民居外墙坚实而单调，唯一可发生变化的就是山墙部位。广西汉族传统民居的山墙主要有马头墙、人字墙、镬耳墙。

山墙因其防火作用突出屋面，而成为封火山墙。经过阶梯式和艺术化处理，因其形状酷似马头，就成为民间俗称的马头墙。马头墙因房屋进深不同可分为五阶梯（五滴水）（图5.2）、三阶梯（三滴水）（图 5.3），但每次起山的高宽比基本都为 2：1，和屋面坡度一致。马头檐角有高挑的起翘，成为马头墙和整个民居中最为精彩的部位之一，潇洒利落，写意而传神。大户人家多重视马头墙檐角的装饰，题材多为吉祥的花草纹样和辟邪的图腾。

人字山墙（图 5.4）高出屋面不多，没有马头墙的防火作用。因其基本与屋面侧架轮廓重合，反映了广西湘赣式民居屋架前高后低的特点。为了强化这一特点，人字山墙在面向屋宇朝向的一面起山翘起，其做法和装饰都类似于马头墙，越往北这一做法就越夸张。和马头墙的对称式构图不一样，有选择的单面翘起凸显了建筑的前后和朝向，人字山墙的上段多有抹灰并饰以山花。

镬耳山墙也很常见。镬耳墙是一种弯形的山墙，因貌似镬这一古时大锅的耳朵而得名。镬耳山墙多用青砖、石柱、石板砌成，墙顶的屋檐从山面至顶端用两排筒瓦压顶并以灰塑封固，外壁则多有花鸟图案。因其造型特殊，已成为桂南民居的符号。同时，镬耳又

图 5.2　五阶梯马头墙　　　　　　　　　图 5.3　三阶梯马头墙

图 5.4　人字山墙

被赋予官帽两耳的象征，具有"独占鳌头"之意，非出官入仕的人家不得使用。大芦村的镬耳楼（图 5.5）就是劳氏族人在其第四代祖劳弦官至六品后所建。

图 5.5　大芦村镬耳楼

图 5.6 是古建筑群丰富的山墙组合，在建筑群体的组合中，马头墙、人字山墙、镬耳墙互相组合，在不同高度穿插搭配，变化万千，使得本来稍显封闭呆板的建筑组团和整个聚落都富有生气而活泼起来。

(a) 灵山苏村古建筑群

(b) 恭城豸游村周氏宗祠全景

图 5.6　古建筑群

2. 屋脊

广西传统建筑的屋脊装饰手法十分丰富，有平脊、龙舟脊、燕尾脊、卷草脊、漏花脊、博古脊等，以瓦、灰、陶、琉璃等材料制成（图 5.7～图 5.9）。

(a) 灵山大芦村民居屋脊1

(b) 灵山大芦村民居屋脊2

图 5.7　灵山大芦村民居屋脊

图 5.8　兴业庞村古建筑屋脊

图 5.9　玉林高山村古建筑屋脊

3. 入口

　　入口可被分解为影壁、门楼、门罩、门斗或门廊等。影壁，也称照壁，古称萧墙，是传统建筑中用于遮挡视线的墙壁，多位于户门外，与大门相对。同时，大户宅院或建筑群的入口一般都设有门楼，门楼山墙有马头墙式也有类似于广府镬耳的"猫弓背"。影壁和门楼并非所有民居都有，但大门门头的门罩则是每户都需装饰的重点。简单的门罩是在大门、仪门的上方用青砖外挑几层线脚，间或进行少许装饰然后在其顶上覆以瓦檐。正门处的门罩多用三重檐，而侧门或小门则仅用单重檐。门罩的正中则留出书写宅名的位置。图 5.10～图 5.12 分别为门楼、照壁、门罩示例，图 5.5 是大芦村镬耳门楼。

图 5.10 月岭村多福堂门楼

图 5.11 月岭村多福堂门楼前照壁

图 5.12 门罩

4. 门窗

门窗适应于南方多雨和光照较多的气候特点，桂南地区建筑一般都设有凹门斗和门廊，门框两侧的墙面则用方形石板琢成浮雕图案。大户人家的门屋、祠堂、会馆等重要建筑的入口，特别重视门廊的用材和装修。为了防雨，门廊柱一般都是石柱，且为方形。门廊柱和内侧的墙体以及廊柱之间以木质或石质梁枋联系，这些梁枋和门廊屋檐下的封檐板就成为重点装饰的对象。

漏窗、门扇也可以引申运用作为各式各样的分割空间的隔断。大多数民居内部的门窗、隔板等木构件，有的装以木格或花格窗门，有的用木条于外壁镶几何图案，其上的各种动植物均是精雕细琢、美轮美奂。窗扇是重点装饰对象，上面通常用木雕刻成各式各样的花纹，有横竖棂子、回字纹、万字纹、寿字雕花、福字雕花和动物花纹。除木质花窗外，漏花窗也有陶瓷雕花、石雕花、砖雕花的，它们的雕花图案大多是动、植物花纹。

雕刻精美的门、窗、隔扇（图 5.13、图 5.14），把室外景色分割成许多美丽的画面，同时又把室外景色引入室内，变成剪纸一样的黑白效果。

图 5.13　门示例

图 5.14　门、窗、隔扇示例（长岗岭村）（一）

图 5.14　门、窗、隔扇示例（长岗岭村）（二）

5. 柱础

柱础是古代建筑的一种构件，它是承受屋柱压力的基石。古人为使落地屋柱不因潮湿而腐烂，在柱脚上添上一块石墩，使柱脚与地坪隔离，起到防潮作用；同时，又加强柱基的承压力。因此，古人均十分重视础石的使用。

桂北汉族建筑的柱础多种多样，雕刻精细，图案丰富多彩，主要分为方形、六边形、复合形等形式（图 5.15）。

图 5.15　柱础示例

6. 壁画

民居壁画大多分布于祠堂、私宅、寺庙等场所，它除了具有装饰的独特价值外，还承担着对基层民众传递传统文化观念、宗族风尚的重任。壁画形式包括浮雕、装饰、贴图、墙纸、泥灰、漆饰等，在内容上继承了汉代以来中国壁画的传统，有中国古代的经典传说、神仙隐士、文人逸事等众多题材，涉及传统文化的许多方面。山水画大气磅礴、视野开阔；花鸟画遍涉梅、兰、竹、菊、牡丹、芍药、红棉和喜鹊、鹡鸰、春雁等各种传统题材，讲究用笔清丽、纤细，层次分明，线条圆润流畅。画上多题有脍炙人口的古代著名诗词，采用真、草、隶、篆等字体书写。这些壁画风格各异，技艺精湛，极富审美情趣，充满浓厚的文化韵味（图5.16）。

图 5.16　广西玉林市兴业县庞村梁氏主屋壁画装饰（一）

图 5.16　广西玉林市兴业县庞村梁氏主屋壁画装饰（二）

5.2　壮族传统建筑

壮族民居朴素、简约，装饰极少。随着汉文化的传播，一些装饰元素结合当地壮族的喜好被融入民居建筑中。

1. 楼梯

楼梯分为两种，一种是由地面层通向二层起居室的入户主楼梯；另一种是进入阁楼和其他辅助空间的次要楼梯。前者在底层明间一侧的次间设置入户门，进入入户门可见入户楼梯（图 5.17）。楼梯为直跑梯段，一般为 9～11 级，级数为奇数，每级高度为 20cm 左右，这样可以保证底层的高度在 1.9～2.0m，满足底层的功能需求。楼梯一般都是木质，宽窄不等，由踏板夹在两侧的梯梁中构成，一般不设梯面。有的梯梁做成微微下弯的弧形，踏板也顺着弧形安装，美观实用。

图 5.17　楼梯

2. 通廊

通廊通常只设置在朝阳的前檐面（图 5.18）。通廊作为一种室内外空间的过渡，在壮族干阑建筑中发挥了重要的作用。由于传统坡屋顶建筑室内通常采光较差，白天也不具备较好的能见度，因此，家中老人、小孩多喜欢在通廊上闲坐和嬉戏，在这里和邻家进行交

图 5.18　通廊

流和互动；此外通廊还可以放置常用农具、一些农作物及晒衣物，它与晒排结合还可以晒谷物；有时候外人来访，也可利用通廊待客。

3. 火塘

火塘（图 5.19）在壮族家庭生活中承载着丰富的功能，在某种意义上它就是家庭的代表。在壮族地区的民居中，成年的儿女和父母分家，如果没有财力和土地新建房屋，就在老屋增设一个火塘，父母一个火塘，儿孙一个火塘；如果有几个成年兄弟则有可能分设几个火塘，一个火塘就代表一个家庭。三开间的民居，火塘间位置位于堂屋两侧的次间，有的民居有五个开间，则火塘间位于两个梢间。一般东面的火塘是主火塘，西面的是次火塘，分家后，老人使用西面的火塘，年轻人使用东面的火塘，由于壮族地区普遍有以东面为尊的传统，可见对年轻人的爱护和希冀。按照当地老人的说法是："年轻人住东边象征朝阳，老人住西边象征夕阳"。火塘在房屋进深方向位于正柱与前金柱之间，这正好与堂屋的中心空间在一个水平线上，显示出这一中心区域的公共领域特征。

图 5.19　火塘

据考察，广西壮族聚居区的火塘面与楼面平齐，四周的餐凳都是 20cm 左右高的矮脚凳，吃饭的时候在上面架一矮桌，便可围炉进餐。在已发掘出来的原始社会穴居遗址中，火塘就是原始人类生活空间的中心，当时起居生活的一切都是围绕着火塘展开。随着汉文化的传播，"床榻"的出现使卧室从火塘边独立开来，席居生活开始解体，而后出现的堂屋使得一部分礼仪和社交空间也从火塘空间分离出来，在部分壮族聚居地区，火塘也在逐渐消失，其炊事功能正被独立的厨房所替代，位置也发生了转移，被移至屋后或者两侧的独立空间。

虽然火塘的功能正在逐渐弱化，但壮族对于火塘的崇拜"情结"仍然保留了下来。在龙胜地区壮族聚居的村寨中，人们对建造火塘和进新房的第一次生火都比较看重，有时间的讲究和固定的仪式。比如在搬进新屋之前，要举行简单的接火种仪式，即需要从旧屋的火塘里引一把火，点燃新房子火塘里的火，意为本家烟火不断。如果尚未接入火种，则禁忌搬东西进新屋，以免影响家族成员的健康与繁衍。经过这个仪式，火塘与家族的延续重叠在一起，在精神意义上成为家庭的象征。

4. 屋面

屋顶多采用木构坡屋顶形式，结构形式以穿斗式为主，屋顶瓦材多为小青瓦。比较常见"人字水"屋面，类似"人"字形的屋面曲线能在下雨时将雨水引得更远，并能防止瓦片滑落，如图 5.20 所示。

(a) 屋顶内部檩条　　　　　　　　　　　　(b) "人"字形的屋面

图 5.20　壮族民居屋面

5. 屋脊

屋脊是整座建筑中最高、最醒目的部位，壮族人民常常在屋脊上放置各种图案的图腾构件来表达特定的功利目的，给单调的屋顶带来生动活泼的元素。

常用于屋顶的图腾有金钱、狗、牛角等。金钱形是用瓦片拼出一个四出形的古铜钱图案，寄托着祈求招财进宝、生活富裕、家业兴旺的良好愿望（图 5.21）。

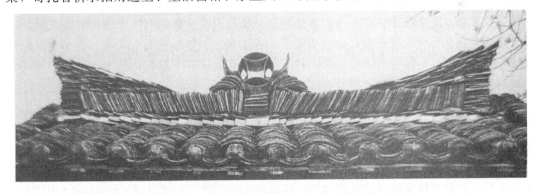

图 5.21　金钱形屋脊装饰

有的屋脊雕像为两三只狗的形态，大狗居中，小狗居其左右，面向东西，以保佑住宅和家人平安（图 5.22）。狗是古代壮族及其先民崇拜的图腾之一，在左江流域的悬崖壁画上，就有很多狗的图像，狗在壮族生活中具有重要地位。在壮族民间，至今还保留着崇拜狗的习俗。桂西的壮族民间在春节的时候用竹片和彩纸糊成狗的形象，敲锣打鼓舞纸狗游行贺年；右江一带壮族民间春节时会在庙坛上立披红挂绿的刍狗而祭之；桂南、桂中和桂西地区的壮族民间，还流行在村前或者大门前立石雕的狗，多设在正对路口或者不利方位，以保护村民平安；壮族民间的道公、师公都有禁食狗肉之戒律，可见狗图腾在壮族社会的重要性。

壮族民居的屋脊上也常有用灰砂塑成的牛角形装饰，这源于壮族先民的牛崇拜。作为一个古老的农耕民族，壮族很早就是用牛来耕作，形成珍爱牛崇拜牛的观念习俗。在壮族的观念里，牛是勤劳、吉祥和财富的象征。每年农历四月初八是壮族传统的"牛魂节"，次日让牛休耕，用精饲料喂牛，打扫牛栏，祭祀牛神，祈求牛健壮无病。因此，将抽象的牛头作为图腾符号置于屋脊，可以祈求保佑六畜兴旺、生活富足、吉祥幸福（图5.22）。此外还有葫芦、鱼等屋脊装饰图腾。

图5.22　狗和牛头屋脊装饰

6. 挑手

挑手是位于檐下专门用于支撑檐檩的一种木质构件。其前端挑出承托挑檐枋，后端卯入檐柱。壮族对其常用的装饰手法是雕刻成各种赋予寓意的花纹图案，常见的有如意莲花头挑手、象鼻莲花头挑手、鱼头衔象鼻形挑手、如意云雷纹莲花头挑手等（图5.23）。

壮族先民多傍河而居，视鱼为生活富足、人丁兴旺、健康长寿的象征。虽然很多壮族人后来迁居深山，但是对鱼的崇拜却流传下来。壮族地区直至明代仍然盛产大象，对大象的崇拜古已有之，因此，将挑手设计成鱼头衔象鼻形。

云雷纹源于壮族对水神和雷神的崇拜，莲花纹则是佛教文化的装饰纹样。壮族将本土文化与其他民族文化相结合，产生了如意云雷纹莲花头挑手，有求雨、避火灾的目的。

7. 雕刻

壮族素有门雕、窗雕、木件雕刻的习俗。其主要表现手法为木雕、砖雕和石雕。"三雕"艺术以及其独特而精湛的雕刻技巧，生动而雅俗共赏的形式和题材内容反映壮族人民的审美情趣和思想感情，具有长久的艺术生命力和审美价值。壮族民居建筑中的木件雕刻，受明清时期木雕盛行的大环境影响而流行。木雕技术一经引入壮族民居，很快成为壮族民居装饰中的重要技艺，有的雕刻壮族民间故事，有的雕刻壮族民居人物，还有的雕刻壮族自然风光等。而门雕指的是在民居房门（大门、屋内门）进行雕饰。除了年画外，壮族民居还普遍雕刻神话人物、历史人物。其雕刻技术纯熟、图案独特，颇具审美情操。窗

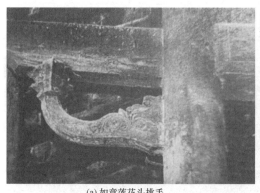
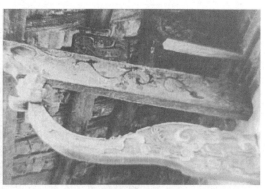

(a) 如意莲花头挑手　　　　　　　　　　(b) 象鼻莲花头挑手

图 5.23　挑手装饰

雕都以简洁的图案进行装饰,这与中原地区繁复的装饰图案形成对比,也体现了壮族民居贴合自然、天人合一的装饰风格(图 5.24)。

图 5.24　来宾市忻城县土司院落窗雕

8. 彩画

彩画是壮族人民喜爱的艺术表现形式,彩画色彩斑斓,题材不限,内容丰富,一般以壮族民间故事、人物为题材,以红色、绿色为主。彩画体现了壮族人民的审美情操,为现代环境设计提供良好的艺术借鉴。其整体画面庄重、典雅,雅俗共赏(图 5.25)。

图 5.25　来宾忻城土司院落彩画装饰

5.3 侗族传统建筑

1. 屋顶

屋顶多用悬山顶或歇山顶，盖小青瓦或杉树皮，呈斜线或抛物线，线条流畅，轻盈飘逸（图 5.26）。

图 5.26　屋顶

2. 檐部

木楼的檐角上翻反翘，并有重檐和腰檐。山墙设挡雨批檐，四周加设腰檐，富于变化（图 5.27）。

另外，侗族鼓楼等公共建筑经常运用如意斗拱，即在顶端设槡窗形成"楼颈"，再由如意斗拱将顶层檐口出挑。具体做法为：首先由一根长拱和两根成交角的短拱交错排列，互相穿插，成为整体。由于长拱层层向外挑，并且承托着顶部的檐檩，所以在顶部檐下就形成密集而华丽的装饰（图 5.28）。

图 5.27　木楼檐部

图 5.28　鼓楼檐部

3. 墙体

侗族民居墙体大多采用当地原生的生土、木板、石头、竹子等材料，主要为木板墙。墙体做法通常从下到上依次是：用石块筑台，圆木做构架，底层围护体多用木栅或竹材，楼层用板壁封墙，青瓦屋面。从下至上的材料由粗而细，由重而轻（图5.29）。

图 5.29　墙体

4. 门窗

侗族建筑，尤其是公共建筑和一些富裕人家的民居中，十分注重对大门的装饰，以显示高雅的气派。通常在大门的上半部镂刻或是用木条拼接成各种菱形、寿字形、工字形，精彩纷呈，承载着侗族人民美好的愿望和深远的历史记忆。侗族民居窗棂花心与栏板装饰，大都是以平直线条组成网格，排列时有所变化，以"亚""田"字纹（图5.30）、冰裂纹、菱花纹等最为常见，也有少数人家采用雕花窗格与雕花栏板。

图 5.30　三江侗寨门窗

5.4 瑶族传统建筑

1. 墙体

瑶族民居墙体大多采用当地原生的生土、木板、砖头、竹子等材料，主要为木板墙与砖墙。木墙体做法通常从下到上依次是：用石块筑台，比较粗大的圆木做柱子，底层多用木栅或竹材围护，用一块块木板拼接成整个楼层的楼板，青瓦屋面。从下至上材料由粗而细，由重而轻。一些土墙和砖墙由下而上砌筑，屋顶盖上瓦片，瑶族民居墙体如图 5.31 所示。

(a) 灵川老寨民居木板墙体

(b) 金秀古占瑶寨民居土墙

(c) 恭城石头村民居砖墙体

(d) 恭城石头村民居石墙

图 5.31　墙体

2. 屋檐

瑶族房屋的屋檐绘有花纹图案（图 5.32），题材丰富，地方特色明显。如果大门或正门前另有人家，还需砌一堵照壁，并绘制龙凤呈祥图案以示吉祥。

(a) 恭城石头村民居屋檐

(b) 恭城杨溪村民居屋檐

图 5.32　屋檐

3. 门窗

(1) 门

门在瑶族民居中占有很重要的地位，从构成形态上分有牌楼门和墙门。门除了有供出入的使用功能外，还可以表现家庭的权势、社会地位和经济实力。在明代，瑶族民居对于门的装饰还比较简朴，一般只是加一些门环铁作为装饰。到了清代，门的装饰多种多样。有的在门板上镶各式各样的花纹图案，有的则在门上进行大量的镂空雕花。瑶族房屋的大门是建筑物的主要出入口，安装在院墙门洞或大型建筑的门口之下。大门取坚实木板，用料厚重，内外不通透，具有更好地遮挡与防卫性能。有的瑶民为了房屋的采光通气，防止小孩乱跑和鸡狗等动物入内，则会在大门外加一齐腰高的栅栏门（图5.33）。

(a) 金秀屯民居大门

(b) 恭城石头村民居大门

(c) 恭城常家村民居大门

(d) 恭城常家村民居墙门1

(e) 恭城常家村民居墙门2

图 5.33　门

(2) 窗

瑶族民居的窗从形式上可以分为直棂窗、花窗、隔扇窗等（图5.34）。修建房屋时，窗是整体砌筑的，所以在构造和形式上不受结构限制。在瑶族民居中，大部分采用的是直棂窗。直棂窗以竖向直棂为主，排列犹如栅栏，是一种比较古老的窗式，非常简单，造价也比较低，坚固耐用，所以瑶族人民建造住房时广泛使用直棂窗。除了简单轻巧的直棂窗以外，瑶族民居中还有较多花窗。花窗造型多样，结构复杂，窗格充分利用棂条间相互榫卯拼接组成各种造型精美的图案。瑶族民居门上一般设有花格窗，花格窗不仅起采光的作用，而且在造型上也做得非常美观，具有装饰功能。瑶族民居常见窗棂除了直棂外，还有回纹、步步锦、灯笼框、冰裂纹、万字纹等。

图 5.34　恭城常家村各式各样的窗

4. 柱础

瑶族民居大量使用柱础，由于瑶寨所处地区雨水多，湿气重，柱础作为木柱的基础，使木柱不与地面接触，很好地解决了潮湿的问题。柱础的造型及图案丰富多彩（图5.35）。柱础形状有圆形、方形、六边形、八边形，由于建筑物的不同，柱础直径和石材的厚度也有所区别。石柱础一般分为上下2个部分，即上端的石鼓和下端的基座。石鼓和基座又细分成很多层。鼓面是放置柱子的位置，一般只凿平，有的还凿有槽，使柱子放置得更加稳固。鼓身一般雕有卷草纹、莲花纹，鼓周围雕成莲花座、覆盆的形式。基座的各面均雕有龙、虎、鹿、鸟、花草等图案，有的面还刻有字，记录雕刻时的事件和时间。

图5.35　恭城石头村柱础

5. 门槛

大门一般用石制门槛，底部一般还有一两层石台阶，石门槛的高度一般都较高，具有防雨防潮的作用，同时高门槛被瑶民认为可以守住运气和财气。门槛作为进出的主要通道，上部容易受到踩踏，因此不雕刻图案。门槛的雕刻主要集中在正面，多以浅浮雕和阴雕为主，主要为了防止出入时磕碰（图5.36）。

(a) 富川深坡村民居的门槛

图5.36　门槛（一）

(b) 恭城常家村民居的门槛

图 5.36　门槛（二）

6. 木雕、石刻、灰塑、彩画

瑶族民居的木雕和石雕的题材非常丰富，有吉祥动物、植物、山水风光、人物传说等，体现瑶族人希望富贵吉祥、平安健康以及对美好生活的向往。瑶族的木雕一般分布在门坊、天井、窗、串梁、柱础等位置，相对于木雕的文化意味来说，民间石刻作品更富有人情味，题材多为山水、花鸟及书法等，如图 5.37、图 5.38 所示。

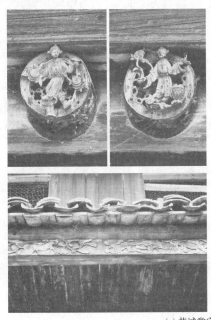

(a) 恭城常家村民居的木雕

图 5.37　木雕（一）

(b) 金秀县金秀屯的木雕

图 5.37　木雕（二）

　　瑶族民居多采用灰塑，通常材料由石灰、桐油、糯米粉混合而成（图 5.39）。一般灰塑的部位多在山墙或屋脊处，除了防火、防风之外，它还可以丰富建筑的房顶装饰，使建筑的立体感更强。

　　广西瑶族平地式民居色彩较统一，多采用青砖或红砖筑墙，仅在檐口、山墙轮廓处和门窗套处采用白色粉饰，色彩对比鲜明。其采用檐下装饰，通过考究的细部装饰弱化和细化强硬的立面轮廓（图 5.39）。

(a) 恭城朗山村石刻　　　　　　　　　　　　　　(b) 恭城常家村石刻

图 5.38　石刻

(a) 恭城朗山村灰塑　　　　　　　　　(b) 恭城朗山村彩画

图 5.39　灰塑、彩画

5.5　苗族传统建筑

苗族干阑大多质朴简单，少有装饰，且纹样也为几何图案，重点集中在入口、退堂、门窗、美人靠栏凳、吊柱吊瓜、屋檐口及屋脊等处。苗族民居以其简洁的装饰、重点处理的装饰手法，形成与环境和谐的装饰效果，体现了人们的审美爱好和传统的手工艺水平，具有较强的艺术表现力。

1. 墙体

墙身部分采用对比手法强调了"轻"的特点。利用退堂、挑廊、敞棚等半户外空间，里或面凹凸起伏，产生大片阴影，与墙面形成强烈对比，形象变化多端，明快而轻巧，活泼而舒展。既使建筑形象活泼而轻巧，又扩大和利用了空间（图 5.40）。

(a) 隆林张家寨建筑墙面图　　　　　　　　(b) 隆林龙洞大寨竹批墙

图 5.40　墙体

2. 屋檐

苗族民居多喜欢采用歇山式或悬山式屋顶，屋坡不大，出檐深远，屋面与屋脊的反凹曲线柔和洒脱，流畅自然，相互呼应，使屋顶成为建筑造型最为生动而富有表现力的部分。尤其是歇山式屋顶活泼多样，不拘形式，独具特色。这种屋顶样式，常被当作是高贵吉利的象征，所以使用得比较多。

图 5.41 苗族建筑屋檐

屋脊两端常有起翘或者装饰，中部为瓦塔，屋脊两端具升起之势，与屋面曲线相呼应（图 5.41）。屋面盖小青瓦或杉皮。

3. 门窗

苗族民居大门一般安装木门，通常紧挨着木门安装两扇牛角门。门楣上安有两个雕花木方柁和木牛角，并在门两侧安装方形雕花窗。大门两侧安装方形花窗，堂屋前门槛高 40～50cm，以求财源进家而不外流。

苗族窗户朴实简洁，只在重点部位加以修饰，窗户尺寸一般为宽 70cm，高 80cm。苗族窗饰图案很多，可分为几何图形类、花草类和动物类。一般人家窗饰图案并不复杂，以"回"字形与"喜"字形为多，"回"字形表示团结，"喜"字表示吉祥（图 5.42）。

图 5.42 各式各样的窗

4. 其他细部装饰

苗族建筑细部装饰丰富多样，主要有半边架空、吞口（虎口）、屋檐口、美人靠、吊柱垂瓜等。半边架空是底层半边架空，前吊后坐，是全干阑在山地的一种创造性的发展，其功能与其他吊脚楼类似，房屋正房一般是面阔三开间，正中间向内退进，在入口处形成凹口，称为"吞口"或"虎口"，在吊脚楼二楼通常有宽敞明亮的走廊，一般安装有用于休憩、交流的美人靠（图 5.43），其民居的屋檐口做工精细，不仅有装饰作用，还能起到滴水、防风、防火的作用。

除此之外，苗族建筑在外挑吊柱也有多种做法，雕刻手法简洁，在立面上形成韵律感，主要有八棱形、四方形，下垂底部常雕有绣球、金瓜等，是苗族建筑装饰的重要装饰细部（图 5.44）。

图 5.43　美人靠

图 5.44　广西苗族民居吊柱垂瓜

思考题

一、选择题

1.（多选题）广西汉族传统民居的山墙主要有（　　）。

A. 马头墙　　　　　　　　　　　　B. 人字墙

C. 镬耳墙　　　　　　　　　　　　D. 客家式

E. 波浪式

2.（多选题）马头墙因房屋进深不同可分为（　　），每次起山其高宽比基本都为 2∶1，马头檐角有高挑的起翘，成为马头墙和整个民居中最为精彩的部位之一。

A. 两阶梯　　　　　　　　　　　　B. 五阶梯

C. 三阶梯　　　　　　　　　　　　D. 四阶梯

E. 单阶梯

3. (单选题)( ) 高出屋面不多,基本与屋面侧架轮廓重合,反映了广西湘赣式民居屋架前高后低的特点,同时在面向屋宇朝向的一面起山翘起,凸显了建筑的前后和朝向之分。

A. 马头墙　　　　B. 人字墙　　　　C. 镬耳墙　　　　D. 客家式

4. (单选题)( ) 是一种弯形的山墙,因貌似古时大锅的耳朵而得名,同时,又被赋予官帽两耳的象征,具有"独占鳌头"之意,非出官入仕的人家不得使用。

A. 马头墙　　　　B. 人字墙　　　　C. 镬耳墙　　　　D. 客家式

5. (多选题)壮族素有( )的习俗。独特而精湛的雕刻技巧,生动而雅俗共赏的形式和题材内容反映壮族人民的审美情趣和思想感情,具有长久的艺术生命力和审美价值。

A. 门雕　　　　　　　　　　B. 窗雕

C. 木件雕刻　　　　　　　　D. 灰塑

E. 彩画

6. (单选题)壮族民居的屋脊上也常有用灰砂塑成的( )形装饰。

A. 牛　　　　　B. 葫芦　　　　C. 鱼　　　　D. 狗

7. (多选题)柱础是古代建筑的一种构件,古人为使落地屋柱不潮湿腐烂,在柱脚上添上一块石墩,就使柱脚与地坪隔离,起到防潮作用,桂北汉族建筑的柱础多种多样,雕刻精细,图案丰富多彩,主要分为( )。

A. 方形　　　　　　　　　　B. 六边形

C. 复合形　　　　　　　　　D. 三角形

E. 八边形

8. (多选题)广西汉族传统建筑的入口可被分解为( )。

A. 影壁　　　　　　　　　　B. 门楼

C. 门罩　　　　　　　　　　D. 门斗

E. 门廊

二、判断题

1. 瑶族民居的木雕和石雕的题材非常丰富,有吉祥动物、植物、山水风光、人物传说等,体现瑶族人希望富贵吉祥、平安健康以及对美好生活的向往。　　　　( )

2. 屋脊是整座建筑中最高、最醒目的部位,侗族人民常常在屋脊上放置各种图案的图腾构件来表达特定的功利目的,给单调的屋顶带来生动活泼的元素。常用于屋顶的图腾有金钱、狗、牛角等。　　　　　　　　　　　　　　　　　　　　　( )

三、问答题

1. 简述广西汉族传统建筑山墙的特点。

2. 简述广西汉族传统屋脊的特点。

3. 简述广西各民族壁画的特点。

码 5-2　第 5 讲思考题参考答案

思政拓展

码 5-3　壮族民歌:广西民族文化(1)

码 5-4　壮族民歌:广西民族文化(2)

Chapter 06

第6讲

广西建筑的传承与发展

学习目标

知识目标：

1. 了解近代西洋建筑与本土建筑的碰撞融合；熟悉现代建筑对传统建筑文化的传承实践；

2. 了解广西乡村振兴与乡村风貌提升的建设背景和内容；

3. 掌握广西乡村风貌提升典型村庄的建设方法。

能力目标：

能够对广西乡村现状风貌的提升提供科学合理的建设方案。

思维导图

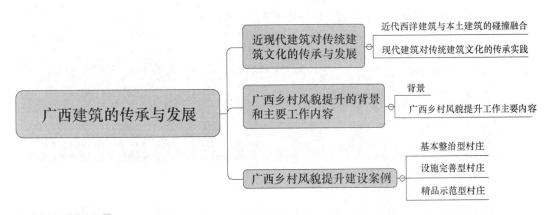

问题引入

请观察图 6.1，分组讨论以下乡村风貌建设的特点，以及乡村风貌提升对人们生活水平的影响。

图 6.1 广西乡村风貌

　　广西的文化是多元的、动态发展的。广西传统建筑的发展也是多元的、动态的。建筑的表达总是具有一定的时代性，总是会随着人们生活观念的变化和生活水平的变化而变化。广西的建筑，必然是与时俱进的，在传统再造和现代创新两个方面，广西近现代建筑对传统建筑文化进行了大量的传承实践，创造出符合广西发展的新的"建筑表达"。

党的十八大提出"美丽中国"的概念以来，对于传统建筑和村落，中央城镇化工作会议上提出，"城镇建设⋯⋯要体现尊重自然、顺应自然、天人合一的理念，依托现有山水脉络等独特风光，让城市融入大自然，让居民望得见山、看得见水、记得住乡愁。"

当代的广西，强调推进广西"美丽乡村"建设，提升广西乡村面貌，新农村建设、城市面貌得以特色发展。

下面分别介绍近现代建筑对传统建筑文化的传承与发展、广西乡村风貌提升的背景和主要工作内容、广西乡村风貌提升建设案例。

6.1　近现代建筑对传统建筑文化的传承与发展

1. 近代西洋建筑与本土建筑的碰撞融合

传统建筑文化在近代受到西洋文化的影响，直到当代，西方文化对中国地域性现代建筑的影响还在继续，西方文化在近代成了中国建筑体系发展的"新统"。西洋建筑文化作为"新统"，发生在近代百年。地处南疆沿海的广西，与全国一样，开始经历了西方文化的影响以及本土新旧文化的碰撞与磨合、交锋与融汇。这一特殊的历史足迹，深深地烙印在广西近代建筑当中。

（1）外廊式建筑的出现

"外廊"是指建筑物房间墙外的开敞式明廊。"外廊样式"建筑产生于英属印度殖民地，英国殖民者融合了欧洲传统与地方土著建筑特点兴建了一种能适应热带环境气候、简单盒子式、周围带有廊道的建筑形式，当时这种形式的建筑被称为"廊房"。一般为一层或二三层建筑，以政务办公、商务或办公与居住综合体建筑类为多。"外廊样式"建筑是广西近代建筑发展早期通商口岸城市的主要建筑形式，典型建筑有北海英国领事馆旧址（图 6.2）、梧州建道书院（图 6.3）等。

图 6.2　北海英国领事馆旧址　　　　图 6.3　梧州建道书院

（2）西方教堂建筑的"嵌入"

西方教堂建筑是近代广西出现时间较早、影响较大的西方建筑。西方教堂建筑作为一种特殊的建筑形式，在广西近代建筑发展史中有着不可忽视的地位。教堂建筑不仅出现在通商口岸城市，甚至还出现在广西的偏远城镇与乡村里，这些建筑无论是移植"嵌入"的西方古典建筑形式还是中西合璧形式，都是半殖民地半封建社会文化的载体，是广西近代建筑兴起过程中异质文化交汇的特殊现象，它的传入，不但反映了一种异质的宗教文化对广西传统文化的渗透与侵蚀，也体现了一种异域的建筑文化在广西境内的输入与熏染，它首开了西方建筑文化对近代广西建筑影响的先河。其典型建筑如北海涠洲岛盛塘天主教堂（图6.4）、东兴罗浮恒望天主教堂、梧州天主教堂等。

图 6.4　北海涠洲岛盛塘天主教堂

（3）折中主义建筑发展

折中主义建筑是中华民国时期出现的一种洋式建筑，紧随"外廊式"建筑之后盛行，这种折中主义表现为两种形态：一种是在同一个城市里，不同类型的建筑采用不同的建筑风格，如以哥特式建造教堂，以古典式建造银行及行政机构，以巴洛克式建造剧场等，形成一个城市建筑群体的折中主义风貌；另一种是在同一座建筑上，将不同历史风格进行自由的拼贴与模仿或自由组合的各种建筑形式，混用希腊古典、罗马古典、巴洛克、法国古典主义等各种风格形式和艺术构建，不讲究固定的法式，而注重纯形式美，形成单体建筑的折中主义面貌。广西近代建筑同样不可避免地也受此折中主义浪潮的影响。其典型建筑有合浦槐园（图6.5）、梧州新西酒店（图6.6）、梧州思达医院等。

(a) 主楼　　　　　　　　　　　　　　　　　　　(b) 门楼

图 6.5　合浦槐园

图 6.6　梧州新西酒店

　　合浦槐园，俗称花楼，为廉州士绅王崇周故居，始建于 1927 年，现占地面积 5367m²，是一处中西结合的近代庭园别墅式建筑群。合浦槐园主楼占地面积 400m²，为一座中西合璧砖木钢筋混凝土混合结构的四层楼房。一层、二层分别为券廊式、柱廊式的欧洲古典风格，三层为硬山式的中国传统风格，四层为亭阁式的中西结合风格。整个建筑规模宏大、雄奇壮丽，立面变化丰富，既有中国式红墙绿瓦、富丽堂皇的气度，又具欧洲中世纪建筑的质朴典雅气质。合浦槐园门楼占地面积 100m²，为一座欧式砖木钢筋混凝土混合结构的二层楼房，位于合浦槐园正门入口，门楼东面原有大门牌坊，门楼不仅作为主人的富贵象征，也是欢迎尊贵宾客的重要场所。

　　（4）近代民族形式建筑的盛行

　　近代民族形式建筑是中西建筑文化融汇的民族建筑新形式，其典型建筑如广西师范大学王城校区（图 6.7）、桂林叠彩路 8 号机关大院等，还有骑楼建筑、园林建筑等其他各类建筑。

　　根据第三次全国文物普查，目前广西调查登记的"近现代重要史迹及代表性建筑"达 2824 处，这些近代建筑，见证了近代广西风云变幻的历史，反映了近代广西的社会变迁及中西文化交流的情况，体现了广西近代建筑中西合璧、古今融汇的奇特而多元的文化奇

图 6.7　广西师范大学王城校区

观和特有的艺术魅力。

2. 现代建筑对传统建筑文化的传承实践

挖掘传统建筑文化的价值，并在当代建筑中使其得以传承、发扬，是时代的要求。广西现当代建筑师有意识地从民族乡土智慧中寻找建筑创作的源泉，在现代建筑中植入传统，建筑创作从过去一味追求全球化、现代化、概念化、个性化，向乡土建筑现代化、现代建筑地区化转变。

（1）发展历程

20 世纪 50～70 年代为自发探索阶段。受当时的经济条件限制，国家在建设领域制定了"十四字方针"，即"适用、经济、在可能条件下注意美观"。这一时期，广西的建筑多以朴素、实用为主，仅在一些大型公共建筑设计上，采用壮族图案作为建筑室内外的装饰，如广西壮族自治区展览馆、广西壮族自治区博物馆、南宁站、南宁剧场等。

20 世纪 70 年代末，尚廓先生充分吸取桂林山水和少数民族干阑建筑的特点，设计了芦笛岩接待室、水榭等景观建筑，以楼居、阁楼、出挑的建筑手法将建筑融于山石水体之中，引领了桂林地域建筑创作的风向。自此，桂林地区的地域建筑风格开始独树一帜，形成自己的鲜明特征，代表建筑有花桥展览馆、榕湖宾馆、桂湖宾馆等。

20 世纪 80～90 年代为百花齐放阶段。改革开放政策带来了经济建设的繁荣，为中国城市建筑提供了物质基础，也引发了中国与外国的文化交流与联系。国家确立了"经济、适用、美观"的建设方针，注重建筑功能性的同时，充分重视建筑的艺术性。如南宁民族商场将传统建筑的斗拱、雀替、斜撑等建筑构件创造性地抽象成立面装饰元素，顶部采用八角形攒尖顶，适当夸大了屋脊的尺度，形成鲜明的民族风格。

2000 年至今为自觉创新阶段。1999 年，国家实施"西部大开发"战略，在政策上给予广西城市建设极大的支持。通过与境外设计机构的合作，广西建筑引入了具有国际水准的设计理念和设计思维，建筑作品呈现出概念化、个性化的特点，如南宁国际会展中心、南宁阳光 100 欧景城市广场等。

广西本土设计机构的创作实践也在积极地回应外来文化与本土文化的交融碰撞,努力创作出具有时代感和地域特色的建筑作品,如荔园山庄、广西城市规划建设展示馆、南国弈园等。与此同时,广西以外的设计机构也带来了大量的优秀建筑,与本土的设计机构形成竞争双赢的局面。

(2)案例介绍

① 基于文化符号的地域创作

图 6.8 为广西展览馆,以民族图案、传统纹饰作为外墙建筑装饰,是基于文化符号的地域创作。

图 6.9 为柳州市大龙潭公园中的风雨桥,图 6.10 为青秀山风景区大门,它们都取材于侗族风雨桥造型,以现代建筑的设计手法表达传统建筑特色,为城市建设增添别具一格的建筑景观。

图 6.11 为南宁国际会展中心朱瑾花厅,它是南宁国际会展中心主建筑,穹顶造型是一朵硕大绽放的南宁市花朱槿花,12 瓣花瓣意喻广西 12 个少数民族团结在一起,成为南宁市地标新建筑。

图 6.8　广西展览馆

图 6.9　柳州市大龙潭公园中的风雨桥

图 6.10　青秀山风景区大门

(a) 日景　　　　　　　　　　　　　　　　(b) 夜景

图 6.11　南宁国际会展中心朱瑾花厅

　　图 6.12 为南宁华侨补习学校图书馆，取意于阑建筑的特征，建筑围绕庭院展开，通过精心布局，每个房间都能享受园林景观。建筑顶部采用四坡屋顶，坡顶顶部做了镂空处理，将屋脊与屋面剥离，形成新颖的屋顶形式。同时，传统建筑窗檐的夸大运用，较好地呼应了屋顶的处理手法。

图 6.12　南宁华侨补习学校图书馆

　　图 6.13 为南宁学院行政楼，其充分利用原地形高差，将行政楼主入口放在二层，通过大台阶与广场过渡。建筑四周一层架空，形成类似吊脚骑楼的灰空间，主入口形成半围合的内庭院，不仅有利于组织通风，同时将建筑内部空间与校园环境融为一体。运用现代材料，对传统坡屋顶构架进行改良，钢制仿木窗棂表达了对传统文化的理解与尊重。

　　② 基于地域材料的地域创作

　　图 6.14 为三江县东方竞技斗牛场——侗乡鸟巢，它是单体木质结构吉尼斯之最。人们常说，要看钢架结构的鸟巢就去北京，想看木质结构的鸟巢就来三江，侗乡鸟巢的设计灵感来自侗家画眉鸟笼，是三江侗族文人志士与侗族木工师傅智慧的结晶。它位于"侗乡第一鼓楼"三江鼓楼对面，是三江县城具有侗族特色建筑风格的标志性建筑之一。其始建于 2009 年 6 月，次年 8 月竣工。该工程看台及以下部分为钢筋混凝土结构，看台及以上部分采用传统的穿斗结构。

图 6.13 南宁学院行政楼

(a) 外景

(b) 内景

(c) "侗乡鸟巢" 穿斗木结构

图 6.14 三江县东方竞技斗牛场——侗乡鸟巢

侗乡鸟巢主体为大型木结构建筑物，建筑体高 27m，直径 88m，占地面积 6400m^2，建筑用材（杉原木）大于 3000m^3，瓦片 150 万块。馆内分为三层：第一层为餐饮、娱乐；

第二层为大型舞台演艺厅，可容纳 2000 多人；第三层为文化展示长廊，一幅全长大于 250m、高 2.7m 的侗族农民画整整绕着鸟巢中心一圈，周边设有 66 个大展厅供游客观赏；屋脊上的飞檐图腾（牛角、"阳鸟"），象征民族的兴旺、发达、腾飞。侗乡鸟巢设计精巧，独具特色，结构新颖，场馆四周屋檐的牛角上有千只鸟的模型，像百鸟归巢的形态，从远处观看建筑物整体，如一个雄伟的"鸟巢"展现在眼前，因整体设计结构与北京奥运鸟巢场馆颇有几分相似，"侗乡鸟巢"的别名应运而生。"侗乡鸟巢"是中国侗城木构建筑中的杰出代表，结构造型和建造工艺可谓独树一帜，它不仅具有华美的外观，将长廊式、楼阁式、密檐式等整体完美和谐的艺术特色融入其中，更被建筑学家称为"非物质文化遗产保护发展的最新成果"，2010 年被上海大世界吉尼斯总部授予吉尼斯之最——最大的主体为木结构的侗族特色场馆。

侗乡鸟巢将地域材料运用到设计中，并对材料表现给予新的诠释，实现传统材料的现代表达，对挖掘和弘扬三江侗族传统娱乐文化和木制楼阁建筑文化具有深远的意义。

③ 基于空间演化的地域创作

图 6.15 为南宁弈园，它对传统的门庭、院落等空间进行尺度或空间维度上的调整，形成新的空间形式。

南宁弈园于 2012 年 1 月建成，是广西首座以智力运动为主题的建筑，位于南宁市云景路，面积约 1.3 万 m²，它极具岭南及广西民族风情，同时融合了现代多种时尚元素，是广西高水平的智力运动竞赛场地和培训基地。

南宁弈园在建筑形式上，其设计构思起源于棋弈文化，形式方正，形如一尊"城市棋盘"，稳坐于大地之上。外围设置了一层翼帘型遮阳百叶系统，仿若给建筑披上了一片薄纱，体现出中国传统的含蓄。

弈园由于受到用地面积限制，难以在平面上进行院落展开，因此在建筑的竖向空间组织上另辟蹊径，形成独特的空间序列，底层架空，与建筑外部的景观融为一体，每层设置半开敞的休息景观平台，和功能房间紧密结合，模糊了室内外的区别，平台之上布置景观及绿化，上下呼应。建筑顶层，通过对壮族民居特点的提炼，中原院落空间的借鉴以及岭南造园艺术的运用等营造出具有地域性文化色彩的空中院落（图 6.16）。

图 6.15　南宁弈园

图 6.16　南宁弈园顶层空中院落

④ 基于肌理文脉的地域创作

图 6.17、图 6.18 为芦笛岩水榭与接待室，是当代优秀的园林建筑，它们汲取了"巧于因借，精在体宜"等造园手法，糅合古今中外经典作品，形成了具有时代特征的新型园林建筑。它的整体环境借鉴了颐和园山水模式，建筑平面、立面又借鉴拙政园的香洲，同时在立面又汲取了广西南方民居的样式，将地形地貌、基地周边情况、历史人文等因素进行基于肌理文脉的地域创作。

图 6.17 芦笛岩水榭

图 6.19 是龙胜温泉中心酒店，建筑师充分利用了山地地形，使建筑随坡就势跌落而下，形成错落层叠的建筑群体，体现了桂北山地民居的建筑特色。

图 6.18 芦笛岩接待室

图 6.19 龙胜温泉中心酒店

随着经济的快速增长，广西产生了大量的地域性现代建筑创作的发展机遇，有不少对传统建筑文化的传承与发展，但是总体质量还不够高。存在缺乏大量的建筑设计精品、建筑作品普遍缺乏民族地域特色、建筑话语权不高等问题。广西地域性现代建筑创作的发展需要建筑设计人员在适应气候、注重文脉、演化空间、运用材料、发掘文化等方面作出相应的思考，同时地域性现代建筑创作的持续健康发展，还需要在人才培养、学术氛围、机制建设和观念塑造等方面不断培养专业人员的专业素养、审美情趣，营造健康的创作环境。

6.2　广西乡村风貌提升的背景和主要工作内容

1. 背景

2021 年 5 月 31 日，广西壮族自治区人民政府办公厅印发了《2021 年度广西乡村风貌提升工作实施方案》（桂政办发〔2021〕39 号）。

广西乡村风貌提升的工作思路是：以习近平新时代中国特色社会主义思想为指导，全面贯彻党的十九大和十九届二中、三中、四中、五中全会精神，贯彻新发展理念，按照"全域整治、突出重点、搞就搞好、逐步拓展"的基本思路，坚持"共同缔造"，深入推进"三清三拆"环境整治，因地制宜完善村庄基础设施和公共服务，加强农房特色风貌塑造，推动乡村产业发展，加强传统村落保护，巩固拓展脱贫攻坚成果同乡村振兴有效衔接，不断提高人民群众的获得感、幸福感。

2. 广西乡村风貌提升工作主要内容

（1）巩固拓展脱贫攻坚成果同乡村振兴有效衔接

持续抓好脱贫户住房安全保障动态清零。继续实施农村危房改造和地震高烈度设防地区农房抗震改造，探索推广烈度为 7 度及 7 度以上抗震设防地区农房抗震加固实用技术。积极争取国家政策支持边境一线农房居住功能提升。

码 6-1　广西乡村风貌提升工作主要内容

（2）扎实开展乡村建设行动

持续开展农村生活垃圾处理设施改造升级，积极推广使用新技术和新设备，完成 50 个乡村垃圾中转站和 100 个村级垃圾处理设施建设；完善镇区污水收集管网；持续提升村屯公共照明水平；多渠道筹措资金推进屯内道路硬化。

（3）大力推进乡村风貌提升

1）深入推进"三清三拆"环境整治。全力推进清理村庄垃圾和禽畜粪便、清理乱堆乱放和道路障碍物、清理池塘沟渠，以及拆除乱搭乱盖、拆除违规广告招牌、拆除废弃建筑等工作。

2）因地制宜完善基础设施和公共服务。重点推进"四化、五网、六改"项目建设。

① 推进"四化"建设。一是亮化。按照"简洁、实用、满足需要"的要求，开展村屯公共照明项目建设，推广使用新型节能照明灯具，鼓励和引导村民参与路灯建设。二是绿化。保护乡村自然生态，推动实施村头村尾、公共区域的绿化，开展"绿美乡村"建

设。三是美化。保护乡村美景，增强乡村韵味，因地制宜推动村口景观、水体景观、绿化景观等村庄特色景观塑造。四是文化。弘扬农耕文明，保护传统格局，充分挖掘村庄文化内涵与历史，建设宣传栏、文化景观小品、村史馆，留住乡愁。

② 推进"五网"建设。一是推进电网建设。二是推进路网建设，优化村屯内路网设置，提升村屯内道路硬化水平；采用石板、青砖、碎石、鹅卵石等乡土材料铺装巷道。三是推进互联网建设，实现行政村宽带网络全覆盖，并向具备条件的自然村屯延伸。四是推进广播电视网建设，满足农村居民收听、收看广播电视节目的需求。五是推进排水网建设，结合村屯道路硬化等项目，推动村庄有组织排水，切实解决排水无序问题。

③ 推进"六改"建设。一是改房行动。强化现代农房设计，完善农房使用功能，整体提升农房居住功能和建筑风貌。鼓励有条件的地区推广绿色建材应用和农房新型建造方式。二是改水行动。实施农村饮水工程维修养护，完善农村供水设施，强化水源地保护，确保农村饮水安全。三是改厕行动。持续推进农村"厕所革命"，开展户用厕所改造，实施行政村所在自然村或集中连片 300 户以上自然村的公厕、集贸市场公厕、中小学校公厕、乡村旅游景区公厕等改造建设，探索建设切合当地实际的农村黑灰污水处理利用设施。四是改厨行动。开展以"改灶、改台、改柜、改管、改水"为主要内容的改厨工作，建设干净整洁卫生、满足基本功能、管线安装规范、烟气排放良好的清洁厨房。五是改圈行动。全面治理人畜混居，完善储粪房、沼气池或储液池配套设施，加强粪污处理和资源化利用，基本实现人畜分离。六是改沟渠行动。开展清淤疏浚行动，持续推进村屯内部河塘沟渠治理。

3）加强农房特色风貌塑造。全面推动农房特色风貌塑造，彰显桂风壮韵。编制当地农房建设图集，供农户新建或改造农房选用，实现带图报建。突出特色风格，根据《广西壮族自治区农村房屋特色风貌管控导则》和地方传统民居特色，全面实施坡屋顶改造建设，开展墙面功能提升美化；坡屋顶应根据村屯和农房实际，采用硬山顶、悬山顶等中国传统屋顶形式进行改造建设，并运用好屋脊、檐口、瓦当等传统建筑元素充实完善；墙面色彩和材料、门窗构件、勒脚等要简洁美观，与村庄和农房风格整体和谐，确保改造后农房特色鲜明。优选建筑材料，既要经济也要质量可靠、经久耐用；充分利用乡村山清水秀生态美的自然条件营造景观，避免采用大理石等脱离乡村实际的装饰材料。

4）严格实施农房管控。聚焦宅基地管理、建房办证、带图报建、按图验收、违法建设查处等关键环节。

5）推动乡村产业发展。各级各部门应结合乡村风貌提升，发展特色产业，培育乡村旅游新业态，将生态环境、文化资源、特色风貌等方面的优势转化为经济优势，促进农民就业创业和增产增收。将人居环境整治、设施完善、特色塑造与产业发展结合推进，形成相互促进、共同发展的良性互动格局。

（4）加强传统村落和传统民居保护

积极推进传统村落保护规划编制和实施。完成 100 个传统村落和 3 个历史文化名镇保护规划编制。

6.3 广西乡村风貌提升建设案例

1. 基本整治型村庄

（1）开展村庄环境"三清"

清理村庄垃圾、清理乱堆乱放、清理池塘沟渠。

（2）开展村庄环境"三拆"

拆除乱搭乱盖、拆除广告招牌、拆除废弃建筑。

（3）实施环境乡土化整治

环境乡土化整治注重就地取材，采用"三微"的方法整治房前屋后和户与户之间的空地。三微即微田园、微果园、微菜园。图 6.20、图 6.21、图 6.22 分别为公共空间的整治、房前屋后的整治、乡村道路建设的示范案例。

码 6-2　乡村风貌
提升典型案例

图 6.20　公共空间的整治

2. 设施完善型村庄

（1）基础设施"七改造"

① 改路

加快农村公路建设。主干道路面采用水泥或其他硬质材料，合理确定道路宽度并设边

图 6.21 房前屋后的整治

图 6.22 乡村道路建设（一）

图 6.22　乡村道路建设（二）

沟。巷道应就地取材，宜采用石板、青砖、碎石、鹅卵石等材料，面层防滑，造型多样。村庄危桥要除险加固。在主干道两侧设置路灯、文体活动场所设置灯光照明。图 6.23 为路面建设案例。

② 改水

城镇近郊的村庄，采用延伸城镇管网的集中供水模式；人口相对集中的平原和丘陵村庄，采用区域连片供水模式；人口规模较小或受地理条件限制的村庄，可采取单村供水模式；散居农户可安装简易设施独立供水。加强水源保护，确保水体清洁及饮水安全。

(a) 水泥路面

图 6.23　路面建设案例（一）

(b) 石材路面　　　　　　　　　(c) 沥青路面

(d) 砖材路面　　　　　　　　　(e) 瓦片路面

(f) 混合材质路面　　　　　　　　(g) 台阶

图 6.23　路面建设案例（二）

③ 改厨

对非清洁厨房进行改造，用健康文明的生活方式引导群众提升环境意识，消除"脏、乱、差"现象，推动了乡村生态发展。

④ 改厕

根据村庄实际或群众意愿，拆除露天、简陋厕所，每户农户至少建设 1 个无害化卫生厕所并配备冲洗设备，包括三格化粪池厕所、双瓮漏斗式厕所、三联式沼气池厕所、具有完整上下水系统及污水处理设施的水冲式厕所等。

⑤ 改圈

实现人畜分离、改变人畜混居，在房前屋后或独立建设，有地板水泥硬化、有遮风挡雨、有储粪池且对环境不造成污染的畜舍。遵照既定标准，根据实际情况合理选择建设方式，提升农村人居环境质量。

⑥ 改沟渠

村庄主干道都要建边沟，全面治理房前屋后、道路两侧排水沟，形成网络化的雨水排放体系，打造"水清、流畅"的水环境。图 6.24 为排水沟案例。

(a) 明沟 (b) 暗沟

图 6.24　排水沟案例

⑦ 改电网

全面解决村庄用电严重过载、低电压问题，实现智能电表全覆盖。优先改造不满足动力供电需求的自然村，实现村村通动力电，全面完成中心村的电网改造任务。图 6.25 为

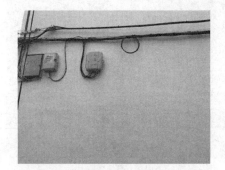

图 6.25　电网改造案例

电网改造案例。

（2）公共服务"十完善"

在开展基础设施"七改造"的基础上，科学配置"十完善"公共服务设施，并用"微田园、微菜园、微果园"生态治理方法，整治村庄环境，以自愿为基础，激励引导农民开展旧房改造，推动其按照图集新建或改造农房。

① 完善公共服务平台

巩固提升村级公共服务中心，建设儿童之家、农家书屋，打造综合服务平台。

② 完善公共交通服务

在有条件的村庄和干道旁新建公交站台，站台统一建设标准，设置顶棚、休息椅等，方便村民出行。图 6.26 为公共交通服务设施案例。

(a) 生态停车场　　　　　　　　　　　　(b) 公交站台、便民候车亭

图 6.26　公共交通服务设施案例

③ 完善污水、垃圾处理设施

④ 完善金融服务

⑤ 完善医疗健康服务

⑥ 完善便民超市服务

⑦ 完善广播电视网络服务

⑧ 完善通信网络服务

⑨ 完善气象服务

⑩ 完善教育服务

推进农村义务教育公办学校标准化建设，改善农村办学条件，加强农村小规模学校的教师配备、课程安排、业务指导的统筹管理。

完善扶持政策，加强农村幼儿园保教人员配备，规范园内管理，健全监管体系，为农村幼儿提供就近优质的学前教育。图 6.27 为乡村教育服务设施案例。

3. 精品示范型村庄

（1）精品农房工程

① 传统桂东民居

传统桂东民居以桂东岭南广府风格的村落和民居为原型，保留传统民居空间组合的内核，利用现代的建筑手法重新架构，结合当地居民的生活习俗，使新建筑既能满足当下的

(a) 小学设施   (b) 幼儿园设施

图 6.27　乡村教育服务设施案例

生活需求，又保留地域特色。图 6.28 为桂东新农房设计案例示意图。

屋顶形式："清一色的镬耳屋"错落有致，分列石阶两旁。防火防晒，以高超的雕刻和绘画艺术增添建筑物的外形美。

建筑色彩搭配：青砖瓦墙、青砖石脚的外立面，同时用青、蓝、绿等纯色作为色彩基调，使建筑外貌更轻巧。

骑楼：楼房与楼房之间，跨人行道而建，在马路边相互连接形成自由步行的长廊，可避风雨、防日晒。

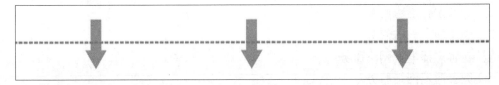

新农房风貌上的传承

在设计上提取传统岭南民居镬耳墙元素，通过现代手法进行演绎，将其简化、变形。

采用青砖白墙搭配，体现岭南建筑的风格。

骑楼空间巧妙融合室内外空间。

图 6.28　桂东新农房设计案例示意图

② 传统桂北民居

传统桂北民居提取桂北古民居特色，采用台阶状马头墙，曲折有致，比例恰当，檐下带有弧形翻卷灰塑线脚。其采用硬山顶的坡屋顶形式，墙檐下和窗洞周围刷白灰色带，与青砖黑瓦搭配。图 6.29 为桂北新农房设计案例示意图。

屋檐白色包边打破建筑屋顶青蓝色瓦片一成不变的搭配，达到点睛的效果。

传统民居三段式布局，基础采用蓝灰色片石，中部以黄色墙身为主，屋顶则为黑灰色瓦顶。

(1) 适应地形；
(2) 减少土方量；
(3) 争取更多的地面活动自由度；
(4) 底层可蓄养家禽。

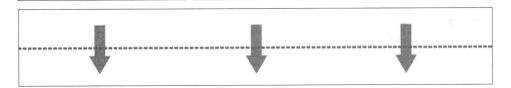

新农房风貌上的传承

坡屋顶的重复，及色调的搭配与漏空的设置，丰富造型，使造型更有趣味性。

建筑体量划分采用三段式手法，底部用蓝灰色片石砌筑，中部用白墙和仿木材，顶部用深灰色屋顶。材料色彩下重上轻，还原了传统原生的民居风采。

(1) 顺应地势，丰富空间；
(2) 底层架空，空间功能多样化；
(3) 底层可作车库等使用。

图 6.29　桂北新农房设计案例示意图

③ 传统壮族民居

传统壮族民居提取壮族民居建筑元素，结合现代手法设计，既要改善传统农房的粗糙，也要符合农村实际。图 6.30 为壮族新农房设计案例示意图。

（2）精致环境工程

① 环境升级

"人"字形的房顶，采用悬山顶形式的小青瓦坡屋顶，从横梁下挑出悬臂，上盖瓦、竹等材料，形成披檐、腰檐，起到遮挡阳光、防御风雨等作用。

壮族民居披檐与出挑的檐廊空间为木质墙身提供良好的防雨功能。

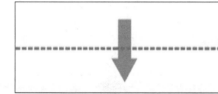

新农房风貌上的传承

屋顶作为建筑的第五立面，保留了干阑式建筑传统的悬山顶，并在屋顶用木条装饰，简洁美观。

将木色涂料及装饰板体现在建筑外立面，并设计了出挑阳台，与壮族干阑式建筑层层出挑的形体相呼应。

图 6.30　壮族新农房设计案例示意图

充分利用村庄空地、房前屋后闲置地见缝插绿，结合村庄入口、景观节点、旅游路线沿线绿化美化，打造各类休闲游憩空间，提高村庄辨识度，增强观赏性、游览性，丰富村庄层次感。图 6.31 为乡村环境提升案例。

图 6.31　乡村环境提升案例

② 景观打造

借山水田园，建设优美实用、造型独特、反映乡土气息、具有地域特色的景观设施。注重突出乡村风情，营造村庄文化魅力。引导村民因陋就简，就地取材，旧物利用，发挥群众智慧，打造成本低、效果好、独具乡土特色的乡村景观，使其成为村域的特色标识，让人们记住乡愁。图 6.32 为乡村景观案例。

图 6.32　乡村景观案例（一）

图 6.32　乡村景观案例（二）

（3）精彩文化工程

① 村史馆

村史馆是记录历史沿革、乡村文化、民俗风情的重要载体，对于传承乡村记忆，进行德育教育具有重要作用。村史馆内设有村史溯源、发展概况、村内大事记、好人好事以及生产工具、衣食住行等实物陈展，集中反映村庄的历史文化底蕴和在党领导下农村发展变化的历程。用一件件物品承载历史，用一幅幅图片记录进程，用一处处实景浓缩记忆。图6.33 为村史馆案例。

图 6.33　村史馆案例

② 生产生活工具的景观文化

生产生活工具的使用有很大的灵活性，不仅有特定的使用功能，还可烘托文化气氛和增加环境的感染力，体现文化传统、地方特色。图 6.34 为生产生活工具景观案例。

图 6.34　生产生活工具景观案例

（4）精美乡村旅游工程

突出乡村自然资源优势，挖掘文化内涵，开发形式多样、特色鲜明的乡村旅游产品，形成"一村、一景、一情"的乡村旅游格局。

"一村"为依托乡村风貌提升改造，发展一批以农家乐、休闲农庄、森林人家等为主题的旅游乡村。

"一景"为依托村落景观资源，打造自然和谐、生态美丽、青山绿水相依的乡村风景。

"一情"为深度挖掘乡村民族民俗风情，以"情"动人，促进乡村旅游发展。

图 6.35 为精美乡村旅游案例。

（5）精心产业发展工程

依托村庄自然资源，发展休闲旅游、农产品加工等产业，形成生产、生活、生态三生共进的良好局面，将乡村风貌提升与产业发展相结合，努力建成一个看得见山、望得见

(a) 梯田景观　　　　　　　　　　　　(b) 民俗风情体验

(c) 生态田园观光　　　　　　　　　　(d) 村落自然景观

(e) 村落风貌　　　　　　　　　　　　(f) 农事体验

图 6.35　精美乡村旅游案例

水、记得住乡愁，在家门口就能创业创收的精品示范乡村。

图 6.36 为乡村产业发展案例。

(a) 莲蓬采摘　　　　　　　　　　　　(b) 月柿

图 6.36　乡村产业发展案例（一）

(c) 特色农产品

(d) 芒果

(e) 莲蓬加工

(f) 精品农家乐

图 6.36　乡村产业发展案例（二）

思考题

一、选择题

1. （单选题）（　　）建筑产生于英属印度殖民地，英国殖民者融合了欧洲传统与地方土著建筑特点兴建了一种能适应热带环境气候、简单盒子式、周围带有廊道的建筑形式。

A. 外廊样式　　　　　　　　　　B. 中西合璧形式

C. 移植"嵌入"　　　　　　　　 D. 折中主义

2. （单选题）（　　）是半殖民地半封建社会文化的载体，是广西近代建筑兴起过程中异质文化交汇的特殊现象，它的传入，不但反映了一种异质的宗教文化对广西传统文化的渗透与侵蚀，也体现了一种异域的建筑文化在广西境内的输入与熏染，它首开了西方建筑文化对近代广西建筑影响的先河。

A. "外廊样式"建筑　　　　　　　B. 西方教堂建筑

C. 折中主义建筑　　　　　　　　D. 欧洲古典建筑

3. （多选题）广西现当代建筑师有意识地从民族乡土智慧中寻找建筑创作的源泉，对传统建筑文化的传承实践中经历了以下阶段：（　　　）。

A. 20 世纪 50～70 年代为自发探索阶段

B. 20 世纪 80～90 年代为百花齐放阶段

C. 2000 年至今为自觉创新阶段

D. 20 世纪 50～70 年代为模仿阶段

E. 2000 年至今为发展阶段

4. （多选题）广西乡村风貌提升的工作思路是（   ）。

A. 全域整治、突出重点、搞就搞好、逐步拓展

B. 深入推进"三清三拆"环境整治

C. 因地制宜完善村庄基础设施和公共服务，加强农房特色风貌塑造

D. 推动乡村产业发展，加强传统村落保护，巩固拓展脱贫攻坚成果同乡村振兴有效衔接

E. 不断提高人民群众的获得感、幸福感

5. （多选题）开展村庄环境"三清"，是指（   ）。

A. 清理村庄垃圾   B. 清理乱堆乱放

C. 清理池塘沟渠   D. 清理房前屋后

E. 清理漂浮物

6. （多选题）开展村庄环境"三拆"，是指（   ）。

A. 拆除乱搭乱盖   B. 拆除广告招牌

C. 拆除废弃建筑   D. 拆除沟塘沟渠

E. 拆除违建房屋

7. （多选题）采用"三微"的方法整治房前屋后和户与户之间的空地，"三微"是指（   ）。

A. 微田园   B. 微果园

C. 微菜园   D. 微花园

E. 微桑园

8. （多选题）精心产业发展工程是指依托村庄自然资源，发展休闲旅游、农产品加工等产业，形成（   ）三生共进的良好局面，将乡村风貌提升与产业发展相结合，努力建成一个看得见山、望得见水、记得住乡愁，在家门口就能创业创收的精品示范乡村。

A. 生产   B. 生活

C. 生态   D. 生机

E. 生存

二、判断题

1. 精美乡村旅游工程要突出乡村自然资源优势，挖掘文化内涵，开发形式多样、特色鲜明的乡村旅游产品，形成"一村、一景、一情"的乡村旅游格局。   （   ）

2. 西方教堂建筑是中华民国时期出现的一种洋式建筑，紧随"外廊式"建筑之后盛行，其有两种形态：一种是在同一个城市里，不同类型的建筑采用不同的建筑风格，另一种是在同一座建筑上，将不同历史风格进行自由的拼贴与模仿或自由组合的各种建筑形式。   （   ）

三、简答题

1. 简述传统桂东民居风貌的处理手法。

码 6-3 第 6 讲思考题参考答案

2. 简述传统桂北民居风貌的处理手法。

3. 简述传统壮族民居风貌的处理手法。

绘图实践题

请用 A4 绘图纸完成下列图形的抄绘实践。

1. 传统桂北民居台阶示意图。

2. 彩绘你心目中的乡村景象。

思政拓展

码 6-4　民族经济：让绿色发展"壮"起来，生态环境"美"起来（1）

码 6-5　民族经济：让绿色发展"壮"起来，生态环境"美"起来（2）

参 考 文 献

[1] 中华人民共和国住房和城乡建设部. 中国传统建筑解析与传承 广西卷 [M]. 北京：中国建筑工业出版社，2017.

[2] 雷翔. 广西民居 [M]. 北京：中国建筑工业出版社，2009.

[3] 熊伟. 广西传统乡土建筑文化研究 [M]. 北京：中国建筑工业出版社，2013.

[4] 梁志敏. 广西百年近代建筑 [M]. 北京：科学出版社，2012.

[5] 黄恩厚. 壮侗民族传统建筑研究 [M]. 南宁：广西人民出版社，2008.

[6] 李红. 广西沿海古民居 [M]. 广州：世界图书出版广东有限公司，2018.

[7] 谢小英，等. 广西古建筑 [M]. 南宁：广西科学技术出版社，2021.

[8] 赵冶. 广西壮族传统聚落及民居研究 [D]. 广州：华南理工大学，2012.